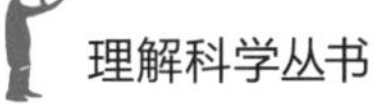

THE NEW
SOLAR SYSTEM

新太阳系

北辰◎编著

清華大學出版社
北京

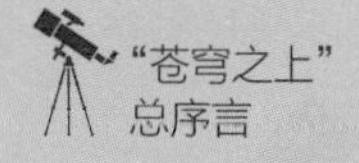

文字创造出来的科普艺术

科普就是把复杂的知识通过简单的讲解让公众知道，文字科普是最简单、最原始的科普方式，它易于被公众接受和理解。科普面临着软与硬的问题，包含知识点较多的科普，科学概念较多，技术含量很高，这是硬科普，很难被解说得简单易懂。而那些知识含量较少的科普，可以叫做软科普，由于贴近我们的日常认识，就容易被公众接受，或者说能被完全理解。

在评价科普作品是否成功的时候，我们一般只评价它是否易于被公众理解，而忽视了科普的软与硬的问题。毫无疑问，在这种评价中，那些生物和地理方面的科普就很容易占到便宜，而那些与物理相关的科普就很难获得认可。在与物理相关的科普中，包含太多的概念，不了解这些概念，就读不懂科普。尤其是青少年，他们还没接触过那些抽象的物理概念，自然很难读得懂，这种情况在天文学科普中尤其突出。

古老的天文学是观测星象的学科，并把观测到的星象与人间事务联系在一起。当代的天文学，完全依靠观测技术的进步，大量的耗资庞大的观测设备出现了，它们形形色色、原理各异。它们的观测成就丰富了天文理论，导致天文物理知识大爆炸似的增长。这些物理知识很难被公众理解，这对天文科普提出了挑战。

“苍穹之上”天文科普丛书解决了这个问题，本套丛书对新知识、新发现进行了趣味的选取，并在此基础上进行艺术的重新构造之后，打磨出一套图文并茂的科普作品。这套丛书不仅选题具有趣味性，在写作方法上也别出心裁，采用比喻、拟人、自述等多种写作手法，文风各异，把所述的内容变得浅显、有趣、易懂，让文字的科普作品充满了艺术性。这既不是科幻的艺术性，也不是童话式的艺术性，而是面对着大量艰深物理概念的艺术描述。

本套丛书不是对天文科学知识进行简单的系统描述，它跟当前科普市场上的所有科普都不一样，这是艺术的科普，真正体现了科普的艺术性，这是消耗大量时间和精力的产物。

本套丛书重点反映的是最近十几年，尤其是最近几年的天文新发现。为了配合书中的文字讲解，搭配了大量的图片，这些图片或者来源于美国国家航空航天局，或者来源于欧洲航天局，特向这两个机构表示致敬，还有一些系统原理图片是作者自己绘制的。

序 言

太阳系是人类最早认识的恒星系，虽然它在宇宙中很平常，但却孕育了地球生命。太阳距离地球较远，距离地球最近的天体是月球。不管是什么时候，我们只能看到月球的一面，另一面看不到，伽利略认为月球上暗淡的地方是海洋，于是给月球地表起了一些诸如某某洋的名字。航天技术发展起来后，更小的地块也有了名字，给月球上地形起名字都带着人们的观念。

天空中不仅有月球，还有无数的繁星，更有银河系横亘星空，这就是地球上看到的星空。在太阳系的其他行星上，看到的景观却会有很大的不同。那是因为它们也有自己的卫星，也就是它们的月亮，它们的月亮可能不止一个，也可能不是圆形的，而且行星可能会有星环，这都增加了星空的复杂性，但是有一点是共同的，行星上都能看到太阳，只不过有大有小而已。

对于生活在地球两极地区的人来说，他们除了能看到星空，还能看到壮丽的极光，人们一直以为这是地球的专利，但是现在证明，在其他行星上，也有极光出现，而且更壮丽。在太阳系的其他行星上，还看到了人脸，当更精细的细节出现的时候，完全不是这个样子，这些发现是人们的好奇心人为炒作出来的。在科学与人文相结合的理念下，天文探测确实融入了很多人文因素，星辰号探测器和苏梅克探测器，它们都选择在情人节的这一天与目标天体接触。

地球是太阳系唯一的有智慧生命的星球，能够得到足够光照的星球还有金星，但是金星却是一个不毛之地，金星与地球的比较，让智慧的人类开始思索：是生命改造了星球，还是星球诞生了生命。

人类望着星空中最明亮的月球也在思索，地球只有这么一个伴侣吗？几年前，人们终于找到了地球的另外伴侣。当然，这是神秘的伴侣，而且不止一颗，它们本来是小行星，进入了引力的陷阱，没有能撞击地球。但是，地球并不总是这么幸运。太阳系刚刚形成的时候，那是一片混乱的时代，大行星派遣小行星轰炸地球，在太阳系内侧的行星都经受了那个灾难的时代，地球生命也许是在那个撞击的时代诞生的。

有生命诞生条件的除了金星，还有地球的另一个邻居火星，也许那里该有简单的生命，或者说，那里可以改造得适合生命生存。

在那里不仅发现了干冰，还发现了大喷泉，那是季节性的喷泉，它存在于两极地区。大喷泉昭示着这里似乎有生命，于是，天空起重机把好奇号火星车送来了，它带着人类的好奇心继续勘察火星。

太阳系不仅有八大行星，还有小行星，它们是太阳系形成之后剩余的残骸，基本可以确认，那里不具有生命存在的条件。小行星因为质量较小，因而很不规则，不是圆形自转的时候会没有自转轴，会翻跟头，还有的由多颗小行星组合在一起，有着相互的引力关系，也会相互绕转，这让它们之间的运行更加复杂。它们就像是跳舞那样迈出各自不同的舞步。最早发现的都是单个的小行星，一般个头较大，随着新技术的发展，较小的也被发现了，它们之中有双小行星，也就是两口之家，现在还发现了带有卫星的三口之家。

小行星的家庭成员也许是它自己繁殖的，小行星没有大气层，在受到阳光暴晒的一面温度很高，而另一面则接近绝对零度，这种温度的巨大差异，会导致小行星的崩溃，分裂成很多碎块，也就相当于小行星生了后代。阳光给了地球动植物生命，让它们能繁殖，阳光也一样导致了小行星的繁殖。

小行星的外侧是气体行星——木星，木星因为个头大，卫星也多，进入新世纪以来，很多木星的卫星被发现，这也引起了一场大讨论，讨论这么小的个头是否能算得上卫星。在木星家族中，个头较大的木卫三和木卫四各方面条件差不多，它们是一对难兄难弟。在太阳系形成之初的混乱时代，它们联合起来为木星母亲抵挡了太多的外来攻击，而这些攻击，都是因为木星的引力太大导致的。这两颗卫星跟它们的哥哥木卫二一样，都具有大面积的冰冻海洋，几颗卫星的相互引力影响，会导致冰面断裂，在一系列复杂的变化下，木卫二就演示了一套极其复杂的化妆术，给自己的屁股涂上了红色。

太阳系的另一个巨无霸土星也是子女满堂，它最引人注目的卫星是土卫六，那里似乎有生命存在的依据，但是卡西尼探测器没能发现什么，它的勘测却让土卫二成为土星家族的明星，也成为太阳系卫星家族的明星，它既有水还有大气层，还有岩石表面，完全符合生命存在的条件，但这几个指标样样不合格。土星家族中的土卫八也是一颗引人瞩目的卫星，它也有一套奇特的化妆术，它的表面一面亮白一面黑暗，这种阴阳脸一直让人捉摸不透。

太阳系最后被发现的大行星是冥王星，但第九大行星仅仅是一个时代的称号，能让它满足这个称号的还有它的卫星卡戎，它们大小差别并不大，几乎可以被称为双行星。它与卡戎的关系实在是和谐，亲密的关系让它们一直在跳贴面舞。

挑战冥王星第九大行星地位的，是太阳系边疆的那些矮行星，当赛德娜和阋神星出现的时候，妊神星才刚出现，人们还不了解它的个性，要是知道了它的大小，它也会成为推翻冥王星统治地位的功臣。现在知道，妊神星也是太阳系遥远边疆的一颗冰质矮行星，它就像是一个鸡蛋那样呈现椭圆形，而且它还带着自己的两颗卫星。这些矮行星都是柯伊伯带天体，在20世纪50年代就被预言到，它们的出现彻底改变了太阳系的天体划分标准。

天空中的星星基本都是恒星，距离我们极其遥远，它们在天空中的位置基本不会发生变动。但是，有几颗位置经常发生变动，古老的中国人按照五行学说给它们起了名字，分别是金星、木星、水星、火星、土星，这就是最早被人认识的五颗行星，太阳系行星五行的划分是古老年代的认识。天王星、海王星和冥王星的发现是科学时代的认识。柯伊伯带天体的发现是近十几年的认识，它让人类对太阳系的认识进入新时代。

当代，寻找日外行星的过程中，已经发现了很多恒星系，太阳系仅仅是宇宙中一个很普通的成员，我们身居其中，对它的了解正在一步步地走向全面。

目录

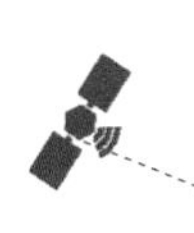

给月球地形起名字

月球洪水泛滥

如果单从月球地形命名的字面上理解，月球上可谓一个完全被海洋覆盖的世界。在可以看到的月球表面，有数不清的海洋，这些海洋有冷海、梦湖、鸣海、安宁海、风暴洋、云海、沃海、雨海以及静海；还有与海洋有关的彩虹湾和波涛湾。这么多的湖海加在一起水量总比地球上还多吧？

但是遗憾的是，1969年，美国“阿波罗11号”宇宙飞船降落在静海地区，它发现月球上从没有过水。那里也绝没有海洋、海湾、湖泊或彩虹。取回月球表面资料的第一艘宇宙飞船“月球2号”降落在雨海区域，那里也没有发现任何有水的迹象。

月球上是一个荒凉的世界，这些充满了美好幻想而又具有诗意的名字最早是伽利略起的。当他的望远镜刚刚制造出来，他就用这个望远镜观察了地球的近邻，发现月球上有大片空阔而又暗淡的区域，他认为那里是月球上有水的地方，于是就给它们起了这样的名

字，他在起这些名字的时候，丝毫没有受到什么条件的约束，完全根据自己一时的情趣。

这些被称为海的地区都位于月球的正面，实际上是平原地带，由于反光较差而呈现出暗淡的黑斑状，占到了正面总面积的一半。最大的风暴洋面积约500万平方千米，雨海也有90万平方千米，另外一些海的周围都有着很多的山脉。小的月海就叫做湖，山海相连的地方就叫做湾。伽利略起的这些名字一直沿用到现在，它表明在一个特定的历史时期，人们对月球的理解。值得注意的是，他命名的都是大片的面积。

月球上的斗争

在月球的表面，除了叫做海的平原外，还布满了大大小小的环形山，这些环形山都是由于陨石的撞击形成的。当初，伽利略还没有兴趣为这样的小地方命名，按照后来的有关习惯，这些环形山都用科学家的名字来命名。牛顿环形山可以称为最大的了，它的直径有230千米。伽利略、开普勒、第谷和哥白尼也都有自己的环形山，哥白尼环形山直径有93千米，山的底部直径有60千米，拔地而起的中央峰群高达1200千米，这个环形山还带有辐射纹，向四周扩展开来，有的长达800千米，与风暴洋中的开普勒环形山的辐射纹连在了一起。在这些环形山的辐射纹中，最壮观的是第谷环形山，它有12条辐射纹，从环形山周围向四周伸延，最长的达到1800千米，满月时看得十分清楚。

值得注意的是，除了这些进步科学家外，在月球的环形山中，还有他们的死对头——地心说的创立者和维护者，他们也在这里安了家。托勒密是地心说的创立者，他的环形山就比伽利略环形山大得多，而且也很明亮。更加令人担忧的是，支持地心说的教会势力也来到了月球上，赫尔环形山也比伽利略环形山大两倍，他是教会中的神父。还有一个叫克拉维斯的，既是托勒密的支持者，又是教会中人，他的环形山直径有142千米。沙纳尔当初因为太阳黑子的事情与伽利略发生了很多争论，最后导致教会对伽利略的不满，他也来到了月球，有一个不小的环形山，看来日心说和地心说的斗争还要在月球上继续下去。

在这些以科学家命名的环形山中，还有几位来自中国，他们是张衡、祖冲之、石申和郭守敬，只是不知道他们会帮助哪一方。

没有规则的命名

几乎与伽利略同时代，还有一位叫赫维留斯的酿酒商人，也对月球产生了浓厚的兴趣，他写了一本有关月球的书，在这本书里附

带着一张月面图，当时，他想不好如何给这些地形命名，有人建议他用圣经中的人物来命名，他认为月球与宗教没有什么关系。也有人建议用科学家或者艺术家的名字来命名，他又担心用谁的名字有可能会引起争论，于是，他想了一个折中的方案：用地球上的地形来命名。这样月球上就有了亚平宁山脉、比利牛斯山脉、高加索山脉、朱拉斯山脉和阿特拉斯山脉，甚至还有一处阿尔卑斯峡谷。这些名称至今仍在使用。虽然他反对用人名来命名，但他自己却不遵守这条规则，他用自己的名字命名了一座环形山。

在伽利略死后九年，里奇奥利也写了一本探讨月球的书，在这本书里，他也给月球上的地形起了一些名字。大的地区都被伽利略和赫维留斯命名过了，他只能给剩下的一些环形山起名字，他起的名字很随便，完全按照个人的喜好，根本就无据可循。值得注意的是，他也把自己的名字搬上了月球，并且还送了一座环形山给他的学生。

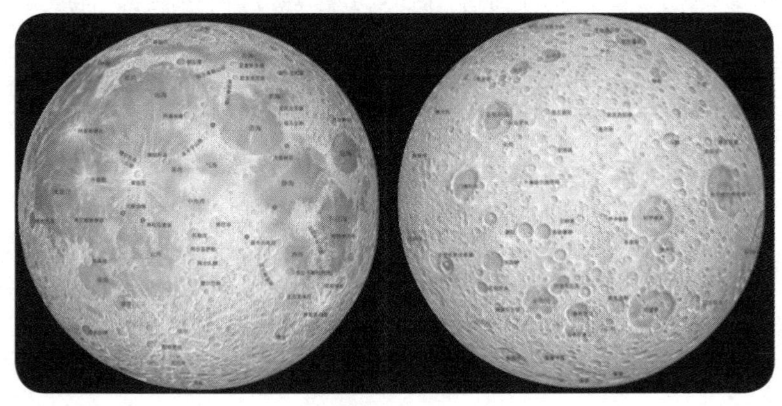

月球地图

这三个人的月面图几乎是同时代完成的，它们被使用了几百年。进入20世纪后，给地球以外的天体起名字的任务就落在了国际天文学会的身上，由他们来制定相应的规则。虽然其他天体的命名都有自己的一套规则，但是，由于先前月球地形命名比较混乱，现在要制定一个规则已经不可能，如果非要找到一条规则的话，那么这条规则就是争吵。

美苏宇航员瓜分环形山

把一个人的名字命名于地球以外的天体，是一项极高的荣誉，谁都想将自己的名字标榜于太空。一些商人很愿意出钱把自己的名字搬上太空。本着天体命名这样崇高的事情不能粘上铜臭的原则，目前这种方式还行不通。但是，一些有着特权的人还是在这方面动起了脑筋。

20世纪60年代末，阿波罗飞船把一些美国宇航员送上月球，那些宇航员第一次把人类的足迹印到了另一个星球上，这是一项伟大的创举。为了让后代人把自己与月球永远地联系在一起，他们也打起了这个主意，用自己的名字命名了几个环形山，他们还算有自知之明，因为他们选择的几个环形山都很小。这样做当然有些理亏，他们深深知道，苏联人绝不会善罢甘休。为了堵住苏联人的嘴，他们就按照同样的规格为几位苏联宇航员安排了位置，当然，那也是几个小一点的环形山。虽然苏联的宇航员从来也没有飞出过地球轨道，但是他们就是这样拥有了自己的月球地盘。

于是，新发现的一些环形山就被美苏两国的宇航员瓜分了。谁也不能说这样做违反了什么规则，因为当初制定规则的人自己都没有遵守。

苏联人要统治月球

在美苏争霸的“冷战”时代，不论是在外交上，还是在航天领域，苏联人都与美国人展开了竞争，1962年，苏联的月球探测器“月球3号”发回一批月球背面的照片，这是人类第一次观察到月球的背面。虽然这些照片还很模糊，但是可以看出，这里与正面差异很大，月海所占面积很小，环形山的数量则很多，地面起伏不平。这也证明，月球为地球充当了挡箭牌，它用自己的背面挡住了撞向地球的陨石。

苏联人看到照片上有一处地方又长又亮，他们以为那是一个山脉，立刻对那里产生了兴趣，他们要把这个地方命名为苏维埃山脉。苏维埃是苏联的最高权力机构，它是社会主义政权的代表形式。资本主义的美国反对这样命名，他们认为，苏联人不该把社会主义也搬上月球，这是对资本主义的挑战。他们以不符合赫维留斯命名规则为由，坚决抵制。但是，毕竟这个探测器是苏联发射的，为了表示对这项史无前例的航天成果的敬意，美国人最终还是接受了这个命名。苏联人很是欢喜，因为他们把共产主义扩展到了太空。但是，事后证明，苏维埃山脉根本不是什么山脉。

月球是地球的同步卫星，它永远以一个方位面对着地球，它

的背面在地球上是看不到的，那里的海不仅小，数量也很少。苏联人想把其中的一个海命名为莫斯科海，但是，以美国为首的西方天文学家认为，月球上已经有了苏维埃山脉，再将一个莫斯科搬上去，莫非苏联想统治月球？于是他们进行了坚决的抵制，他们的理由是莫斯科既不是自然条件，也不是意识形态。但是苏联人立刻反唇相讥，他们指出，最近命名的一些地区都没有很好地遵守原有的命名习惯，比如出现了东方海、边缘海、史密斯海。不肯罢休的苏联人把这一问题带到了国际天文联合会上，法国人的裁决结果有利于苏联，他们认为莫斯科是一个意识形态。于是，在月球上，不仅有苏联人的苏维埃政权，还有他们的首都莫斯科，他们开始“统治月球”。

实际上，早在首个阿波罗飞船登上月球之时，美国人就把一面他们的国旗插到了月球上，仿佛月球已经被他们占领，这才引来苏联的不满。但是后来，也许国际天文学会也认识到有关地形命名不妥，他们又制定了一项规则，宣布月球为全人类共有，各个国家可以开采矿物，但不能占领月球。

月球是第一个需要命名的地球以外天体，所以它的规则是很不完善的，把自己的名字搬上月球，成了很多人的追求，回顾月球命名的历史，实际上就是协商和争吵的历史。

太阳系行星上的天空

满天的星斗在闪烁，在夏夜，还可以见到一条银河纵贯南北。不仅如此，站在地球上的人们可以看到月球相位的变化，它有时是满月，有时只是一个月牙。除此之外，我们还可以看到太阳每天东升西落这种最常见的现象。

我们能够看到的天空就是这个样子，这总是让人感到单调而乏味，于是，科幻作家们为我们描述了许多异星上的星空景象。科幻画家们也来凑热闹，描绘出形形色色的异星风光。我们不需要到那么遥远的星球去看，仅仅看看太阳系其他行星上的天空，就可以知道，科幻作家的想象力还是差了一些。

水星——炽热的火球高挂

距离太阳最近的是水星，在这里，布满了大小不同的环形山，它们就像是这个星球表面的累累伤痕，这表明，在漫长的地质年代里，它为太阳挡住了许多来袭的陨石，这些陨石的轰击使这个星球上不仅布满了环形山，还有高原和平地。这里没有大气层，没有山川和河流，只有亘古不变的静寂，静寂得使人感到恐慌，还有那巨大的火热的太阳高挂在天空。

这颗星球的表面异常炽热，温度达到600多摄氏度。当太阳开始落山的时候，大地的温度开始缓缓降低，夜里，温度最低达到零下150摄氏度。说这里黑夜漫漫一点也不为过，因为这个黑夜长达29天，当漫长的29天过去的时候，太阳才会在东方露出一丝曙光，然后缓缓爬上天空，这个过程也同样缓慢，15天后，它才能站在天空正当中，它大得遮住了半边天空，大得让人感到恐怖，它肆无忌惮的照射使这个星球上炎热无比，热得就连金属都会熔化。

水星

金星反向观测太阳西升东落

当我们的视界稍稍向外，就看到了太阳系的第二颗行星，那就是金星，这颗星球与其他星球全然不同，它是在自己的轨道上反向行驶，太阳从它的西边升起，从它的东边落下，这跟地球上的景观正好相反，能看到这样的奇景真让人感到兴奋，如果能够到此一游该多好。但是老天偏偏要捉弄人，一个站在金星上的人，他却没有这种福气，他看不到这种奇景。

金星的大气十分稠密，大气会把75％的阳光反射回太空，在地平线处，还会把阳光折射成180°，所以，明明太阳是从东边落下的，但是，这个人看到的跟地球上看到的一样，太阳还是从西边落下。这种视觉上的错误会让人唏嘘不已，但也不要后悔，还是因为光线偏转了180°，太阳明明在南方天空，我们看到的太阳却在北方天空。看到太阳这样的东升西落，也会让人感到不枉此行。另外，这个星球上还有其他特异的地方，这里的大气压力极高，就连金属都难以承受，由于有稠密的大气，地表的温度奇高，太空下着蒙蒙细雨，但却没有一丝浪漫的气息，因为那是令人感到恐怖的酸雨，它可以腐蚀掉金属。

金星的自转非常缓慢，它的自转周期是243天，这也就是金星上的一天。如此看来，金星上的一昼夜相当于地球上的117天，除去早晨和黄昏，天空完全黑暗的时间有59天，如果谁住在这里，他无论如何也无法忍受这么漫长的黑夜。看来只有喜欢黑夜观测天象的天文学家喜欢这里。

火星上西升东落的月亮

金星上是日落东山，在火星上却可以看到月落东山的景象。火星的自转周期与地球近似，也是24小时，它的卫星火卫一环绕火星运行的周期却很短，只有7小时39分。虽然它也是从东方升起，但是却造成了一种奇怪的现象。由于它的公转速度超过了火星的自转速度，从火星上看天空，这个月亮是从西边升起，而从东方落下。这就好比围绕圆形跑道赛跑的运动员一样，当第一名把最后一名落下一圈之后，看上去，就搞不清谁在前面了。火卫一每天要重复两个半这样的过程，这确实是在太阳系的其他大行星上看不到的奇景。

尽管火卫一距离火星很近，近到了一种危险的地步。但是从火星看上去，它的大小只有地球上所看到的月球的一半，它在天空就是这样忙忙碌碌地跑来跑去。

在火星上，还可以看到另一个月亮，那就是火卫二。它太小了，刚刚能够看到圆面。这两个卫星还有另一个特色，那就是它们的自转和公转周期都一样。从火星上，只能看到它们的一面，这一点跟我们的月球相似。

木星上残月满天

木星最大的卫星是4颗伽利略卫星，它们的个头跟月球的大小差不多，从木星看上去，它们的视面大小十分可观。木星的质量很大，所以它的卫星数量也是很多的，这些小卫星从木星上多数都可以看到。但是，这些小天体由于太小，并不是圆的，看上去犹如残月。

截至2002年2月，木星的卫星总数已经达到66颗，除了4颗伽利略卫星，其他的都很小，其中52颗是逆行卫星。所以向东跑的和向西跑的卫星都有，看上去十分热闹。

所以在夜里，木星的天空一定是繁星点点，群星闪耀。不管何时，都可以看到很多卫星在天上。这样形容那里的天空决不为过，因为与这些卫星一同点缀星空的，不仅有恒星，还有一些小行星。这就是希腊小行星群和脱罗央小行星群。这是小行星家族中很特别的两个种族。脱罗央小行星群位于木星的后方，位于木星前方的叫希腊群，如果从太阳的方向来看，它们分别位于木星前方和后方约60° 的位置。虽然位置常常有所变化，但是移动不远，它们又会回到这个位置。这两个小行星群与太阳和木星的方位共同构成菱形，太阳和木星在这个菱形的短轴上，因此，它们又可以组成两个等边三角形。这两个小行星群没有自己独立的轨道，它们与木星处于同一个轨道上，围绕太阳运行的周期也与木星一样，都是11.86年左右。

这是很奇怪的一种现象，它是由天体力学原因导致的结果，科学家对它们做了大量研究，因此得出了很多有关天体力学的重要研究成果。

站在木星上的人们，还可以看到另一种奇景，那就是木星的光环。木星的光环很不起眼，远远赶不上土星的光环。

土星上最绚丽的草帽

站在土星上的人们，应该是运气最好的人，因为可以看到土星的光环，那应该是太阳系最绚丽的图景。土星的光环位于赤道面上，由于它极其宽广，可以看到它的所有环段，当然也可以看到狭窄的环缝，透过环缝，也许可以看到几颗星星，各个环段呈现出五颜六色的美景，可以遮住大半个天空，这些环被称为土星的草帽，它是土星天空最明显的特征。

但是对于一个站在土星赤道上的人来说，他可能看不到这么美丽的景象，因为这个复杂的环是很宽的，但是它的厚度却很有限，在赤道的上空看上去，环的厚度也就变成了宽度。这个窄窄的宽度也就成了环绕土星的一道圆环。因此，绝大多数天空都可以展示在眼前。他几乎可以看到整个天空，但是环的亮度将会掩盖住一些星星，所以他看到的恒星不是很多。

土星上的天空

到2013年为止已经知道，土星拥有62颗卫星，尽管绝大多数个子都很小，但是，一些大的还是可以用肉眼看到的，最大的泰坦星就像一个巨大的

月亮高高地挂在天空。土星的自转也有一个倾斜角，所以，对于一个不是站在赤道上的人来说，光环有时会遮住这个月亮。当它与土星环连接在一起的时候，那应该是土星上最壮丽的图景。

天王星上看不到太阳

地球上北极的夏季，太阳总是在天边打转，不愿意落下去，白天是很长的，几乎没有黑夜。这种情况是由于地球的自转轴有一个交角，这个交角达到55°。但是这种情况远远赶不上天王星，天王星的赤道面与轨道面交角达到98°，它几乎是躺倒在轨道上运行，所以，在夏季它的极点几乎直对着太阳，太阳永远照在天空，而不会在天边打转。这个时刻在另一个半球，也就永远没有白天，永远看不到太阳。不仅如此，这个星球上能见到太阳的地方极少，因为在大部分时间里，太阳都是照在极区。低纬度地区只能永远生活在日落或者日出的景象里。

卫星上看天王星

但是，低纬度地区可以看到天空中有五个月亮，这是天王星的大卫星，这几颗卫星可以弥补没有太阳的不足，使低纬度的天空增加几个亮点。另一方面，与土星一样，天王星也有绚丽的光环，共有9条环，虽然宽度不大，但是它们给暗淡的天空增加了美丽的景象，也带来不少亮度。至于天王星的其他卫星，要想看到它们是很不容易的。

冥王星上月亮固定在天空

在太阳系中，水星和金星都没有卫星，所以那里的天空是没有月亮的，冥王星是有卫星的，按理来说，那里的夜空应该有月亮，但是实际情况却不是这么简单。

冥王星的直径是2370千米，而冥卫一的直径为1208千米，它们之间的体积、质量相差较小，远不如其他行星和其卫星那样相差较大，因而被看作是太阳系中的孪生兄弟。

冥王星的卫星名字叫做卡戎，它自转一圈的时间是6.3867天，而且它围绕冥王星公转一圈的时间也是6.3867天，这一点与月球有些近似。但是冥卫系统与地月系统不同的是，冥王星自转一圈所需要的时间跟卡戎的自转和公转周期一样，竟然也是6.3867天。这就造成一种奇妙的景象，站在冥王星上的人们永远也看不到卡戎的另一面，而且冥王星永远都以一面对着卡戎，这对双行星就像一对亲密的恋人那样，永远深情地凝视着对方。

如果站在冥王星上看天空，这个月亮永远都在天上的一个位置，也就是说，在冥王星的夜晚，只有一个地方能得到它的光照，

这个巨大的月亮固定在那个地区的上空，另一半球只能看到太阳，如果信息闭塞的话，他们可能都不知道另一半球还有月亮这回事。冥王星上的居民不能分享这个月亮，这是一件很遗憾的事。

现在已经知道，冥王星还有四颗卫星，或者说多达十几颗卫星，至今还没有确定，如果反光度高的话，也是能看到的。

塞德娜上星光最灿烂

2003年年底，美国加州理工学院的天文研究小组发现了一颗新天体，它是目前已知距离太阳最遥远的太阳系新天体。所以它的表面是太阳系最寒冷的地方，这使给它起名字的科学家想到了地球上寒冷的北极，他们想到了因纽特人神话传说中创造生命的女神塞德娜，于是，塞德娜也就成了这颗新天体的名字。

塞德娜距离地球有129亿千米，它沿一条高度椭圆的轨道绕太阳运行，其绕太阳一圈要花10500年，它的椭圆轨道最远点距离地球有1352亿千米。这么远的距离，使它接受的太阳光少得可怜。太阳实在是太遥远了，勉强可以看到太阳的圆面，太阳只是一颗比较大的恒星。

这么小的太阳，使塞德娜星球上的黑夜跟白天也基本上没有什么差别，只不过，在没有太阳的黑夜里，星星会更加璀璨，在这个没有大气层的微型星球上，可以看到满天的星斗，它们镶嵌在天空，数目比在地球上看到的星星要多得多。这里的太阳最小，这里的星空也最灿烂。

都是天体力学的原因

不管这些行星上的天空是什么样子，如果拿一张我们的星图在那里看，基本上没有什么变化，只是方位需要调整。道理十分简单，因为这些行星距离我们都很近，而恒星则远得很。在这些行星上之所以可以看到使人感到心旷神怡的奇异景象，是因为太阳系的天体在长期的自然演化过程中，形成了自己不同的轨道，不同的轨道特征也就决定了它们的天空是各不相同的。也正是这些不同的天空奇景，让我们真正感到了星际旅行的乐趣。

极光，并不是地球的专利

像一道舞台的帷幕，在漆黑的苍穹打开，转瞬间又消失不见了，片刻之间又再次出现，只是颜色和式样发生了改变，这就是极光，常常发生在北极，在那漆黑的夜空中，呈现出壮丽的景观。

极光跟闪电是不一样的，转瞬即逝的闪电一般是树枝状的，而且伴随着轰隆隆的雷声。但是，极光发生的时候，却悄无声息，它的出现，跟太阳有关。太阳时刻向外界喷发着大量的带电离子，这些带电离子在飞往地球的时候，会遇到地球磁场的吸引，南北两极的磁场最强，所以它们要飞往南北两极，它们在进入极区上空的时候，与大气层激烈地撞击，就会发生壮丽的极光。

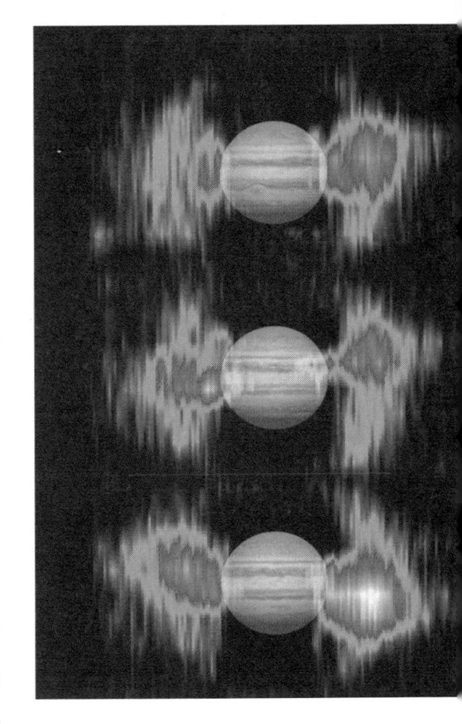

地球是太阳系的行星，像这样独特的极光现象是不是地球独有的呢？答案是否定的，随着太空观测技术的发展，人们发现，在其他行星上，也会发生极光。

金星的极光

在金星上，人们曾经发现过极光，这里的极光绝对不是地球上看起来的那样的舞台大幕，它看起来更像是一块斑块，而且这个斑块时大时小，大的时候，会扩散到整个金星表面。一个站在这里的人，似乎应该感到幸运，因为不论他站在什么地方，都可以看到极光。而在地球上的人，只有在寒冷的南北两极才能看到极光。

但是，事实并不是这样的，金星的大气层非常厚，比地球上的大气层厚一百倍，一个站在金星上的人，无法透过那么厚的大气层，看到金星上发生的极光。金星那厚厚的大气层就像是它的面纱，遮住了那里的一切，至今人们对那里的一切还十分陌生。金星没有固定的磁场，它的极光是怎样发生的，目前还不清楚，但是，现在情况发生了改变，金星快车已经在金星上监视这里的一切变化，2007年，科学家发现，金星上还会发生闪电。金星闪电的发现，有助于人们进一步了解金星的极光。

2012年，金星快车发现，金星的磁场比我们原来想象的要强大，金星的磁力线是可以连接在一起的，有类似于地球一样的磁尾形成。也就是说，在金星上会出现极光。

火星的极光

火星是地球的邻居，位于地球轨道的内侧，火星也没有固定的磁场，但是，在火星上，人们也同样发现了极光。

2004年8月，火星快车探测器发现，在火星的南半球，出现了大片的亮斑，发光地区的直径有30多千米，位于火星的南半球靠近南极的地区，距离南极还有一段距离，既然它不是发生在南极，

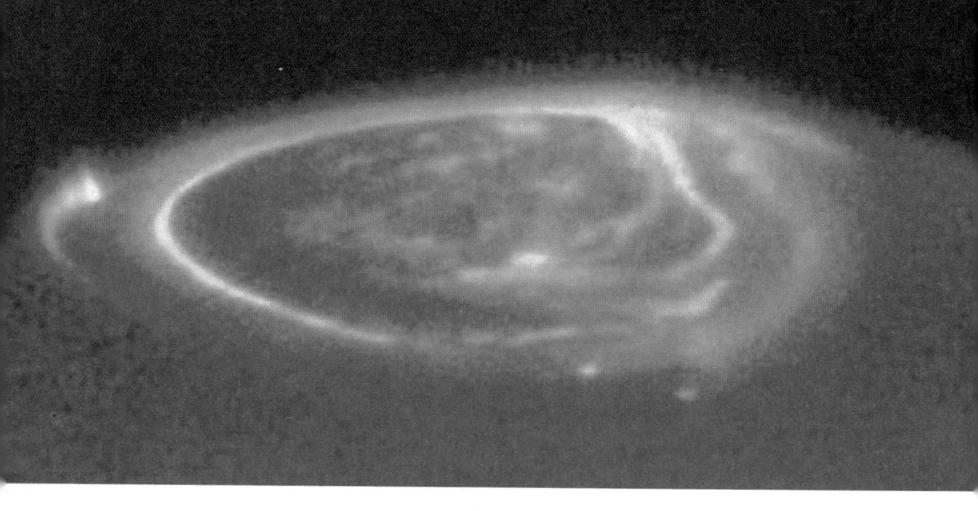

木星的极光

那么就不是极光。但是，对火星磁场的研究表明，那应该就是火星的极光。

火星的磁场是不完整的，或者说，火星的磁场分布得很不均匀，有的地方强烈，有的地方微弱，通过研究发现，在发生亮斑的地区，磁场非常强烈，所以可以认为，来自太阳的带电离子，在进入火星大气层的时候，被吸引到磁场强烈的地区，这里也就相当于火星的南极。

火星的极光发生在并不是火星极区的地方，只是发生在火星磁场强度比较高的南极附近，这也应该是极光，这是太阳系中很特别的一种现象。

木星的极光

木星极光最早是由旅行者一号探测器发现的，后来，哈勃望远镜进一步研究了木星的极光，现在得知，木星的极光呈现出圆形，就像是鸡蛋那样，晃来晃去，规模极其庞大，直径可以达到三万多

千米，地球上再大的极光现象跟它比起来，都是小巫见大巫，它的极光有的比整个地球还要大。

木星的极光不仅个头大，而且时刻都在发生，它为什么时刻都在发生极光，这个问题很让科学家感兴趣。一种观点认为，木星的身边有木卫一，木卫一上不断地喷发着火山，火山灰在上升的时候，被木星强大的引力俘获，进入到木星的两极，是这种灰尘在进入到木星磁场的时候产生了极光，灰尘时刻都在发生，因而保障了木星上极光源源不断。

但是这只是其中的一个原因，作为一颗大行星，木星的极光也必然跟地球上极光产生的原因一样，它的极光也必然来自于太阳，是太阳发出来的带电粒子进入到木星大气层，让它产生了极光，所

土星的极光

以，木星的极光是两方面的原因导致的。木卫一上火山的爆发和太阳带电粒子两个因素导致了木星上强烈的极光。

土星的极光

论起个头，土星跟木星一样，也是一个巨无霸，在这里，当然也该有极光，而且，这里的极光也一定会跟木星的极光一样，恢宏而壮丽，事实也是这样。

土星的极光绝对不像地球上的极光那样，片刻就消失，它会长久地存在，这一点跟木星极光很相似，有时候长达好几天，甚至能够长达一个星期。它还能随着土星的自转而运动，在土星的昼夜交替之际，显得尤其明显。

土星的极光不是拉开的大幕，而是呈现出环状，就像是土星的光环那样，只不过这种环很小，刚好扣在土星的头上，说是它戴的一顶草帽很合适。但也有不合适的时候，因为土星的环状极光还会演化成螺旋形的极光。

跟火星的极光不一样，土星的极光出现在高纬度地区，只有南北两极才会出现极光。而且正好出现在南北两极地区，是名副其实的极光。

但是，看土星极光也有遗憾的地方，它的颜色很单调，只有鲜艳的红色。

地球的极光

太阳系其他星球上的极光

天王星是一个很奇怪的行星，它躺着围绕太阳运转，所以它的北极是朝着太阳的，在这里，科学家曾经发现了极光，似乎可以认为，它的极光只是出现在北极。但是事实却并不是那么简单，天王星的磁场也是偏转的，磁极并不在南北两极，所以，在这颗星球上，即使是出现了极光，也不能称之为极光，因为它没有出现在极区，而是出现在极区附近。

至于天王星的邻居海王星，它的磁场也是偏转的，所以，这里出现的极光，也不能称为严格意义上的极光，因为它出现在中纬度地区，而不是出现在极区。

至于冥王星是否有极光，目前人们还没有观测到，而且，它目前也不是大行星了，我们大可不必关心它，但是，有意思的是，太阳系的一些卫星上，也曾发现过极光。

1996年，木卫三上首先发现了极光，随后的1998年，伽利略探测器在木卫一上也发现了极光，而且这里的极光颜色还十分丰富，有红色、绿色、紫色等，除了这两颗卫星以外，在土卫六和海卫一上也发现了极光。

现在看来，不仅大行星出现极光现象，就连太阳系的卫星上也出现了极光，地球具有极光的特权算是完全被剥夺了。也许随着时间的推移，我们会发现，就连柯伊伯带天体也会出现极光，等到飞往冥王星的新视野到达太阳系边疆的时候，也许会为我们带来这样的信息。

外星上的人脸

火星上的石脸

仰望星空，人类对外星人的好奇从来就没有停止过，正是为了心中的这个好奇，人类的探测器一个个地飞出地球。要想看看遥远星球上的秘密，目前的技术水准还做不到，这些探测器只能在太阳系的各个星球上探测。在探测伊始的时候，它们往往给我们带来很多的疑惑，最早的疑惑来自于火星，人们一直以为，那里存在着生命。

火星是太阳的第四颗行星，它的公转和自转姿态与地球差不多，它的公转轨道周期为687天，一年约为地球上的两年。1877年，意大利天文学家斯基波雷利发现火星上有暗得像河渠一样的线条，他的作品在翻译成英语时被译作运河。于是，许多望远镜对准了火星，许多人声称看到了运河。既然有运河，当然有火星人。火星人的故事开始到处流传，而且更多的迹象也支持这种说法。1945年，美国海军天文台发现火星的卫星火卫一存在长期轨道加速机制，这表明它正逐渐下降。而苏联科学家进一步研究则认为，火卫一的密度太小，内部可能是中空的，因而推算它是一个人造天体，是由远古火星人建造起来的飞船，火星人的文明之谜都存在于这个天体中。当然，这都是没有任何真凭实据的猜测，但是，有关火星上存在生命的言论在1976年形成强大攻势。

1976年，海盗号探测器飞临火星，它的轨道器在火星轨道上对地面进行扫描拍摄。在几万张照片中，出现了一张特别的照片，但是很不幸的是，美国宇航局的人初次拿到这个照片的时候并没有发现这张照片的特异之处。

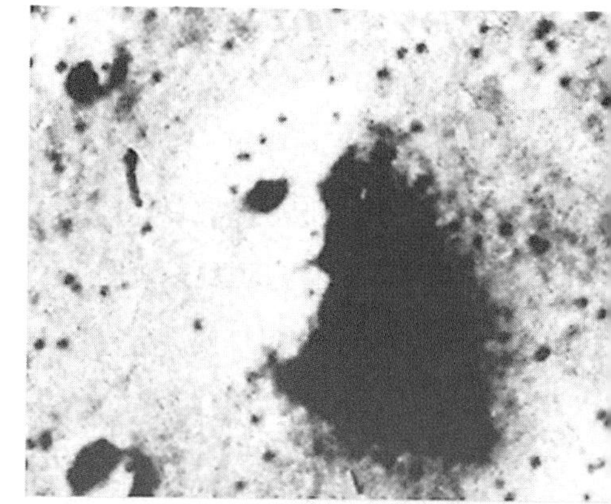

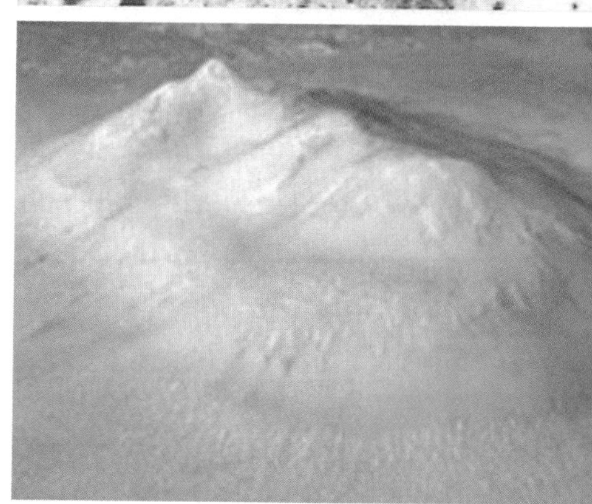

火星上的石脸

海盗号在传输这些信号的时候，还丢失了一些信号，由于信号的丢失，照片上出现了几个黑点，而且这张照片也极其黑暗。一些航天局的雇员在业余时间利用计算机提高图像的清晰度，这张照片经过特别处理之后，就出现了奇迹，照片上显示的是一张模糊的人脸图形。这张巨大的石脸长有一千米大小，他呆望着天空。

许多新闻媒体对此作了报道，

认为这是火星上存在文明的标志。火星人用这种方式告诉人们他们曾存在过。有人还从这张照片上找到了所谓的金字塔，也有可能是庙宇的遗迹。于是一场对NASA的攻击开始了，他们指责NASA与政府一起，隐藏了火星上存在人类的证据。

这张脸存在于起伏不平的地形中，那里叫做基多尼亚。该地区拥有大量有趣的地质岩层，基多尼亚地区奇特岩层具有更复杂的形状，其实海盗号拍摄的那张脸只不过是特别的地形在光影作用下的巧合，至于可以称作是鼻子和嘴的地方，是无线电信号在传输的过程中丢失造成的，图像处理也无法还原。

虽然说起来就这么简单，但是要想对公众解释清楚，却十分困难，NASA意识到，他们必须再拍摄一张照片。1998年，科学家们操纵新的火星环球勘察者探测器给该地区拍摄了一张新的照片。但是，这张照片很让人失望，由于风沙的缘故，云层的影响遮住了这张脸，因为根本看不出它像张脸！所以这张照片不算数。2001年4月8日，这一天火星上晴朗无云，火星环球勘察者重新给该地区拍了一张照片。这张照片的分辨率是1.56米，这下清清楚楚地显示，那个所谓的人脸看起来很像是一块干裂的面包。

又一张火星人脸照片

火星环球勘探者证明了那张人脸并不存在，可以说，它使这个问题有了彻底的答案，但是，还是这个探测器，就在一个月后，它又给人们带来了另外一个疑惑的问题。

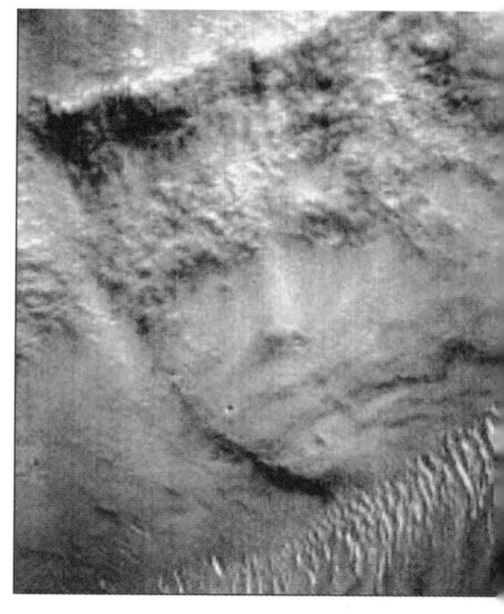
火星环球勘探者照片

2001年5月，又一场风波掀起来，火星环球勘探者发回来五万多张照片，其中有一幅照片上清晰地显示出一张人脸的图形，这幅构图宽度近5千米，面积巨大，而“脸孔”上则有着类似于人类的鼻梁、眼睛和嘴唇的轮廓，除此之外，在脸庞的构图下部还有隧道、金字塔等。根据他们描绘出来的这幅人脸状的构图，隧道和金字塔位于人脸的下部，隧道直径为20米，应该是类似于玻璃的材料造成的，其中大约300多米的部分隧道暴露在外面，可以看出里面还有其他许多人工制造的物件。此外，在隧道周围有很多树和蔬菜形状的构图。这幅图画十分清晰，不需要经过计算机处理。

发现这幅图的是两名科学家，这两名科学家分别叫弗兰登和奥尼瑞，弗兰登曾经是美国海军气象台的天文学家，奥尼瑞是美国航空航天局的前宇航员，他曾经参加过阿波罗宇宙飞船的研究和发射行动。5月8日，他们在曼哈顿专门举行了一个新闻发布会，奥尼瑞认为，这是火星上曾经存在人类的证明，他们的发现“也许是人类文明史上最重要的发现”。但美国航空航天局则不相信这一发

现，而且还试图阻止他们的新闻发布会。也就在这个新闻发布会当天，航空航天局的发言人对媒体表示，火星上从来没有出现过高级生命，这个发现不可靠。但奥尼瑞和弗兰登都对航空航天局的说法嗤之以鼻，他们希望当局重视他们提出的问题，去重新拍摄他们认为存在脸状构图的那部分火星地表，获得更加清晰的照片，从而证实他们的发现。

当然这样的争论不会有什么结果，因为有了第一幅照片的先例，大家已经不再相信火星上会真有什么人脸图形。仅仅凭着这幅图片，就断定火星上曾经存在着人类，这样的话不会有很多人相信。但是，火星上发现人脸图形，确实使人们对这个星球产生了浓厚的兴趣。

这两幅人脸图形其实都是自然形成的，是火星地表的自然产

火星面孔的变化

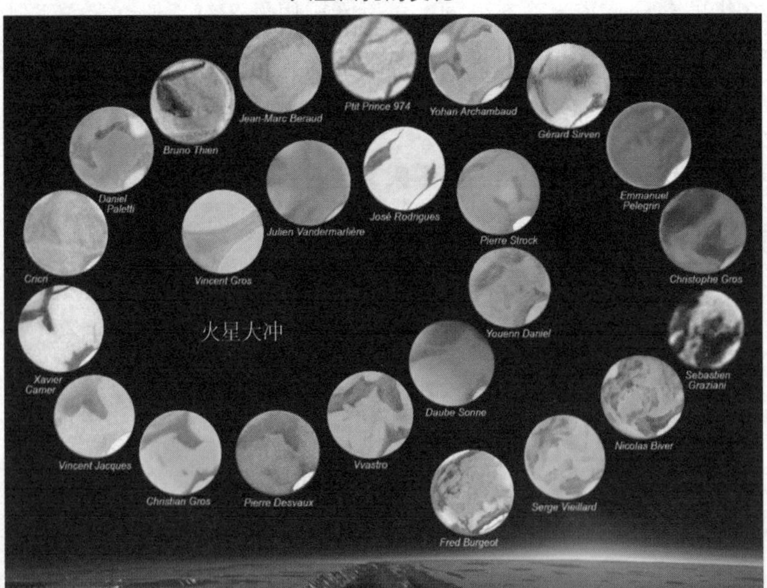

物，而不可能是人为的产物。凭着我们丰富的想象力，完全可在任何环境中找到某种事物的形象，在火星这么大的星球表面上，如果找不到一块像人脸的地形，反倒让人感到奇怪。

泰坦星上也发现了人脸

当这些事件如烟逝去的时候，相似的事件又出现了。不过这一次不是发生在火星上，也不是发生在太阳系的行星上，而是发生在太阳系的卫星上，而且还是一个非同寻常的卫星。它就是泰坦星，它也同样有着与火星那样神奇的生命传说。

卡西尼探测器的目的地就是这颗星球，2004年10月26日，卡西尼探测器近距离接近泰坦星，它给这颗星球拍摄了500多张照片。按照以往的规矩，专家们得到这样的照片都会研究一下，找出能吸引人的，给它起一个好听的或者是引人注目的名字，比如“天堂的阶梯”，“超新星的珍珠项链”等，然后向外界宣布。但是这一次，有些特别，第二天，美国宇航局就匆匆忙忙地公布了其中的一些照片，其中的一幅照片上出现了一个人脸，它的右眼眼珠圆圆的，瞪视着我们，眼白和眼眶线条分明，就连眉毛也看得真真切切，它似乎在观望着人类的一举一动。在这个奇异的星球上出现这样一副面孔，着实让人吃惊不小。

这张脸确实非同寻常，它使人想到了一个电影，在电影《E.T.》中，那个外星人就是这副模样，他在望着我们，似乎在嘲弄我们的探测器不够先进。神秘的人脸似乎昭示着这颗星球上会有

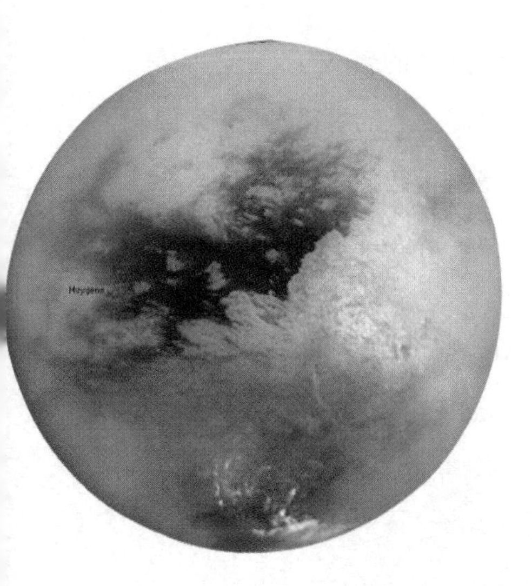

土卫六上的 E.T. 外星人形象

某种生命，其实也确实存在着这种可能，在这个星球上，有一些碳氢化合物，那些地方会向外界发射出无线电波，这些电波是否包含着什么意义呢？这就是泰坦星最神秘的地方。

当我们要问这张脸究竟是不是一个泰坦星人在偷窥我们的时候，我们就要看看这颗星球的表面。泰坦星表面富含的有机质黏性物质，会不断地挥发进入到大气层里，这些大气挡住了泰坦星的表面，这张人脸其实就是大气层和地表结合的地方，在遥远的摄像机镜头下，偶然形成了这种景观。当摄影机的角度稍稍调转的时候，这张脸就不见了。虽然这张脸并不存在，但是毫无疑问，它增加了泰坦星的神秘本质。

泰坦星上会不会有生命存在？这个谜团也不会存在太长时间，2005年1月14日，卡西尼上携带的惠更斯探测器在这个神秘的星球上着陆。虽然泰坦星厚厚的大气遮住了我们的视线，虽然这张人脸暂时蒙蔽了我们的眼睛，但是，惠更斯借助降落伞穿过泰坦星朦胧的天空，义无反顾地投入到泰坦星的怀抱。在降落的过程中，惠更斯完成了对泰坦大气成分和风速的测量，并拍摄了一系列令人惊奇的经过甲烷河流侵蚀形成的地貌。最终它降落在了一个类似泛滥平原（河漫滩）的地方，周围布满了由冰构成的鹅卵石。

人脸的图形并不只火星和泰坦星上才会有，在其他星球上也同样会形成，在人类的探测器造访过的太阳系行星上，金星上也有类似的图形。从苏联人拍摄的金星照片中，美国的地理学家发现了一幅奇特的图片。这幅图片看上去很像是苏联的领导人斯大林。在天王星的卫星天卫一上，人们还发现了一个图形，它看上去很像是卡通人物巴格斯，当时这些图形并没有引起人们的误解。因为人们首先知道，这样的星球上不会有生命的奇迹。

但是对火星来说，这个问题就不一样了。第一张人脸出现的时候，人们以为那是火星文明留下的痕迹，闹得沸沸扬扬。2001年，当第二张来自火星的人脸照片出现在人们面前的时候，人们知道，那只是火星风沙吹蚀的结果。面对着泰坦星上的这张人脸，人们已经清楚地明白，那只是大气层或者是陆地表面的一些特征，而不可能是外星人 E.T. 在偷窥我们的探测器。

每一个探测器都会为我们带来许多新知，每一个探测器也都会为我们带来很多疑惑。但是毫无疑问，这些探测器，最终都是科学的利器。正是因为它们的发现，才使人们的视野不断得到开拓，认识到许多我们以前不了解的东西，它们给我们蒙蔽的心灵开启了一扇透视宇宙的天窗。

星尘和苏梅克，两个探测器的情人节

2001年2月12日，当地球上的人们准备着过情人节的时候，在遥远的太空中，苏梅克探测器已经提前过起了情人节，这一天它开始下降，13日的早晨落到爱神星上。当年这是一个非常受人关注的航天事件。十年之后，2011年2月14日，同样的事情再一次上演，星尘号探测器奔赴与坦普尔一号彗星的约会，度过了它们共同的情人节。

探测器发射上天之后就在太空遨游，它们虽然是人造卫星，但也是星星，地上的人过情人节，天上的星星也得过情人节，科学家的安排就是这么浪漫。对于这两个探测器来说，同样的情人节，它们对爱情的观点却不一样，这也导致了不同的结果。

两者的目的不同

在20世纪90年代，为了节省太空探索的费用，美国提出了“更快、更好、更便宜”的口号，用这一理念指导探测器的研制和

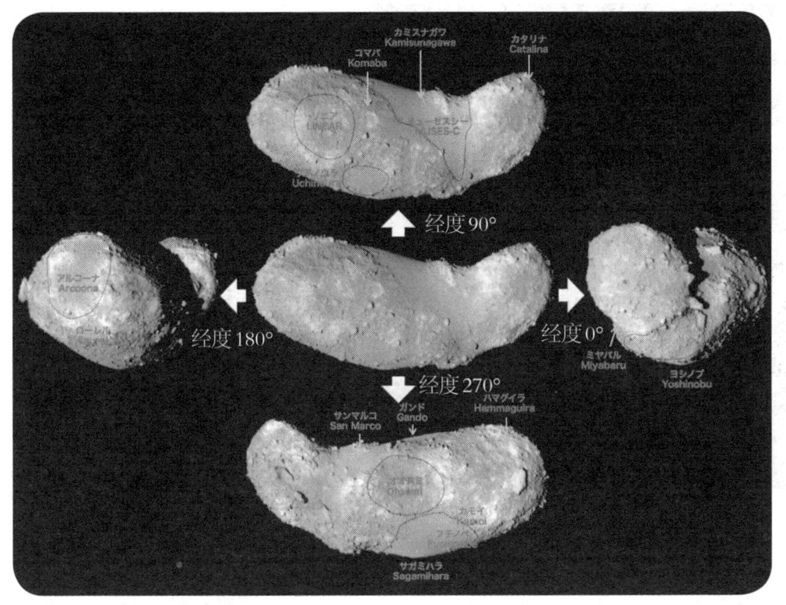

爱神星

发射。苏梅克探测器就是在这一理念指导下的产物，在卡拉维拉尔角航天基地，由一颗德尔塔火箭把它送上太空。这使发射费用大大降低，苏梅克探测器携带有例如磁强计、X射线/伽马射线分光计、多谱线摄像机、近红外分光计、激光测距仪等。这些探测仪器几乎就是通用产品，可以随意配置在任何航天器上面，这也使得费用大大减少。

苏梅克的任务是要去探测小行星，它的目标是爱神星。爱神星1898年被发现，是一颗比较接近地球的小行星，它是一个很重要的观测目标，利用它在中间所起的作用，科学家在1900年和1931年通

苏梅克探测器

过国际联合观测，获得了太阳与地球之间的距离数据。

苏梅克奔赴与爱神星的约会，它是全心全意的，如果非要说它的不专一，那就是在途中，顺便看了几眼从身边经过的253号小行星马西德，它拍摄到144幅高清晰度的马西德表面图片。另外，它在飞越地球上空时还拍摄了大量的地球照片。回望地球家园，这也是人之常情。苏梅克对爱神星的专注足可以感动爱神。

但是，星尘号跟它比起来，就大不一样了，星尘号探测器是一个行星间宇宙飞船，主要目的是探测维尔特二号彗星和它的彗发成分组成。它所执行的任务也十分复杂，它要把目标彗星上的物质带回地球。在完成这个任务之后，它才有空去探测下一个目标，去跟坦普尔一号彗星约会。从这一点上来说，星尘号远远谈不上用情专一。

两者行程不同

苏梅克于1996年2月17日发射，1997年，也就是在升空1年之后，与253号小行星擦肩而过。苏梅克发射之后并不是简单地朝着爱神星运行，它要不断地加速，通过借助各个天体的引力，来给自己加速。地球成为很好的加速助推器，1998年1月23日，苏梅克从地球的伊朗西南部上空539.8千米，以12.9千米/小时的速度飞过，借助地球引力，变更轨道成功，它成为了一颗太阳系的人造行星。它在茫茫太空中不知疲倦地飞行了5年，环绕着太阳飞行了两圈，历经32亿千米的漫长航程之后才抵达终点，最终与爱神星相会。

对于星尘号来说，它跑的路程也不少，它于1999年2月9日从地球出发，首先前往维尔特二号彗星，为了达到这一目标，星尘号飞船绕太阳转了3圈，2004年1月，它就已经跑了34亿千米。尽管此刻它的行程就已经超越了苏梅克，但是它却是为了执行其他任务，它要获取维尔特二号彗星上的物质。星尘号携带的武器是气凝胶，这是一种非常奇特的物质，它的主要成分是二氧化硅，也就是玻璃的主要成分，玻璃异常坚硬，但是气凝胶却软得很，看上去脆弱不堪，虽然如此，它却是不折不扣的大力士，它可以承担起自身重量4000倍的压力。气凝胶被安置在一个类似网球拍的罩子内，当星尘号从维尔特二号彗星旁边经过的时候，它伸出这个球拍，就收集到了彗星上的尘埃物质。

星尘号顺利地完成了这一任务，2006年1月15日，它又来到了地球上空，释放了返回舱，把它所得到的彗星物质顺利地送到了地球表面。然后，它又点燃了火箭，加速度飞行，投入到深邃的太空。虽然它跑的路程要比苏梅克远得多，却不是为了情人节的约会，这个问题它压根就没想过。直到几年之后，美国的科学家才想

到给它再安排一次任务，所以它才会在2011年的情人节与坦普尔一号彗星相见。

见面的感受不同

苏梅克为了能与爱神星相会，吃尽了苦头，它赶上爱神星之后，就需要不断地调整轨道，以便在近距离与爱神星相会。在1998年12月21日06时进行预定的轨道修正之际，通信中断，第二天虽然通信恢复，但是已经错失了良机，不能按照原定计划与爱神星交会。当1999年来临的时候，它才在1月4日01时进行了24分钟的轨道修正，从背后逐渐接近爱神星，于2000年2月与爱神星相会，并成为它的卫星。这个时候，它才可以好好地观察爱神星。

一般星球都是圆形，但是，爱神星因为质量太小，并不是圆形，它呈现出马鞍形的外貌，一个半长轴33千米，另两个半长轴都是13千米，这种不规则的外形看上去就让人觉得不舒服。另外，上亿年的岁月里，不断地有陨石撞击它，在爱神星表面上留下了一个个的撞击坑，看上去，就像是爱神脸上的麻子，苏梅克看到这样不规则的外形和丑陋的外貌，不免要有些失望。

爱神星并不是圆形，作为彗星，坦普尔一号更不可能是圆形，不仅如此，坦普尔一号彗星还有更加丑陋的地方。在太平洋时间2005年7月3日22时52分，深度撞击飞船对它实施了撞击，那是一个含有铜元素和铝元素的炮弹，上面携带着照相机和望远镜，以帮助它导航，爆炸的能量相当于4.5吨 TNT 炸药爆炸时的能量，这颗大炮弹准确地撞击到彗星上。经过这么一次撞击，坦普尔一号彗星上面会留下一个大坑，即使它本来不丑陋，经过这么一次大撞击，也会变得奇丑无比。六年的时间过去了，科学家很想知道那个撞击坑怎么样，于是就派星尘号前往。

对于星尘号探测器来说，2011年的情人节约会，它不是要体会约会的缠绵与爱意，而是要去看看坦普尔一号彗星上的伤疤，看看对方最丑的一面，这使得这场所谓的约会带着一丝不友好的恶意。

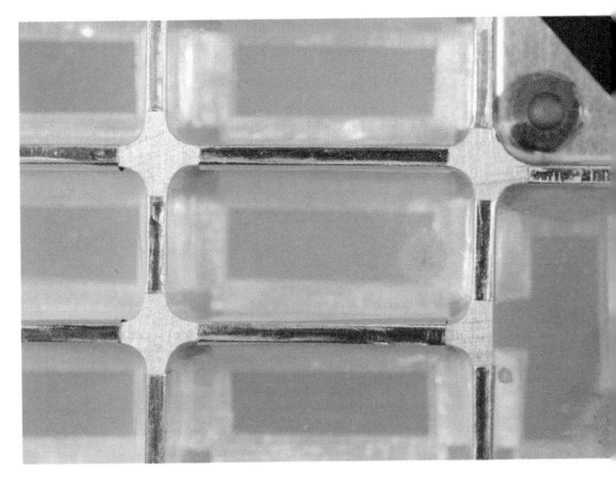

星尘号带回来的气凝胶

最后的结局不同

爱神星不雅观的外貌，并没能够影响苏梅克对它的态度，当苏梅克在2000年2月14日从后面追上爱神星，并成为它的卫星开始，双方就开始在同一个轨道上环绕太阳运行，从这个时刻开始，苏梅克给爱神星拍摄了大量的照片，并把这些照片发送到地球。在作为爱神星的卫星的岁月里，它们双方围绕着共同的引力中心旋转，就像在跳交谊舞，这是一个很浪漫的过程，它们成为一对情侣。2000年2月14日这一天是它们恋爱开始的时间，这一天也是情

人节。

经过一年多的恋爱，它们的爱情终于有了最后的结果。苏梅克的设计者并没有让它肩负登陆小行星的任务，所以它也不具有着陆的能力，但是为了爱情，它还是义无反顾地降落了。2001年的2月12日，苏梅克一步步地向着爱神星靠近，在此之前，它已经一步步地降低了自己的轨道，比较接近爱神星。

爱神星的质量很小，引力也很小，这给它带来了方便。4个小时之后，2月13日凌晨3时，它在距离爱神星只有120米的地方，传出了最后一张照片，然后降落成功。更让人惊喜的是，降落之后，它没有粉身碎骨，它居然还能通信，向地球传回信号，让科学家知道，苏梅克真的投入到了爱神星的怀抱。

苏梅克还有另一个名字叫做鞋匠，卑微的鞋匠似乎配不上高贵的爱神，但是爱神的形象并不是那么完美，这使得它们彼此显得很般配。于是，它们在情人节来临之前，成就了最美满的姻缘。

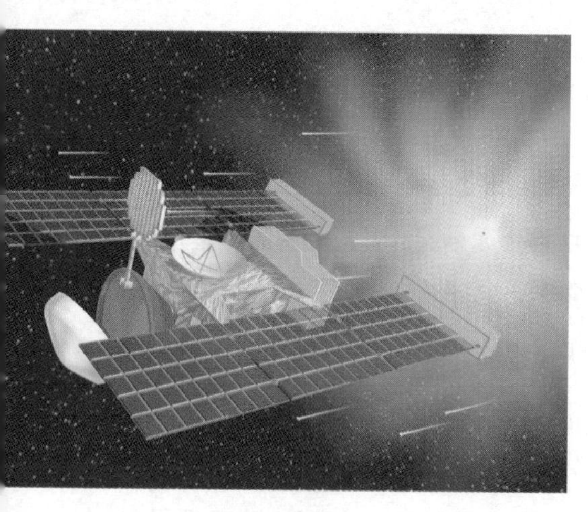
星尘号探测器

对于星尘号探测器来说，与坦普尔一号彗星约会，只是它额外的一项任务。它与彗星的接近，不像苏梅克与爱神那么容易，彗星在不停地向外界喷发灰尘物质，星尘号要特别小心，不要被灰尘撞击到。2011年2月14日23:35，星尘号接近坦普尔一号彗星，最近时距离彗核仅约180.25千米，飞掠时速度达到3.86万千米每小时，星尘号利用飞掠的时刻，一共抓拍了72张图像。照片表明，当年认为撞击坑会达到足球场那么大，实际上形成的却是一个浅浅的陨石坑，中间充满了填充物。这说明当时发生的剧烈撞击溅出的大量碎屑物质又重新落回了彗核表面。星尘号的照相机是20世纪70年代设计的，在约会的时候，它的天线也没能够对准地球，这使得当时的很多照片不能被地面接收到，它们约会的更多信息也就无从知道。

对于约会者双方来说，这是一个蜻蜓点水式的约会，双方对对方都没有好感，也没有任何结果。它们只是在远处观望了一会儿，就匆匆分离，星尘号又开始了在太空的漫漫征途。星尘号依然是一个单身汉，它本身就不是专门为哪一个探测目标设计的，单身是它的主题，直到有一天，它的能量耗尽，不能再更改方向，那才是它生命的结束。

两个探测器，在与目标天体的情人节约会中，却产生了截然不同的结果，苏梅克与爱神星成就了一段千古佳话。如果有一天，科学家让它醒来工作，它还是能够不辱使命的。

假如地球上没有生命

先有鸡还是先有蛋

地球已经存在了45亿年，地球上有无数种生物，这些生物构成了这个五彩缤纷的世界。自从出现人类以后，地球上的景象就发生了巨大的变化，人类用他们的智慧一刻不停地在显示着他们与其他生物的不同之处，他们建起了高楼大厦，修建了高速公路，地球的面貌被他们改造得面目全非，于是，人们越来越感到环境保护的重要性。环境科学家在谴责人类的行为时说："如果地球上没有人类，那么地球上的生物种类会更多，河流会更加清澈，空气会更加清新。"他们认为，人类是地球固有环境的破坏者。

那么，地球上为什么会有生物呢？有人认为，地球有一个能承载生命活动的岩石圈，地球上出现了水，出现了大气层，它们在长期的物理化学演化下，制造了生命形成的条件，于是地球上就出现了简单的生命，它们再进一步演化成复杂的生命。这种观点认为生命是地球自然演化的结果，但是，他们在解释地球上为什么会有今天的局面时又说，地球上的水和岩石都是在生命作用下的结果，全球的水每2800年就会在生物体内过滤一次，大气自由氧每1000年就要全部被生物代谢过滤一遍。地球上的岩石圈中的岩石都是生物直接或者间接作用的结果，即使大洋底下的矿床，那些石油，那些煤炭，也是在微生物的作用下形成的。

很显然，这种说法是相互矛盾的，地球上究竟是先有了环境，才有生命，还是有了生命才形成这样的环境呢？这就像先有鸡，还是先有蛋的问题一样难以回答。

金星的面貌是一面镜子

假如地球上的所有生物都灭绝，看看一个没有生命的地球是什么样子的。没有了生命，地球上将会出现另一种场面。由于光合作用停止，大气自由氧供应断绝，臭氧层也将消失，太阳紫外辐射增强，大气自由氮将会与残余的氧形成氮氧化合物，它们融入海水中形成酸，酸性海水加剧了岩石的风化，岩石风化将会把自由氧全部耗尽，于是，大气中的氧气和氮气全部消失，光合作用的停止和岩石的风化，将使二氧化碳急剧增多，以二氧化碳为主的大气将造成温室效应，产生高温。那时也没有水，当然更没有生命，这就是今日的金星面貌。

金星的面貌是如何形成的，对于人们来说，还是一个谜，从天体物理学角度来看，金星诞生于太阳系星云旋涡时，应当有与地球上相当的物理化学状态，应当有生命形成的基本环境，一个至关重要的问题是，金星上真的有水吗？

在航天探测器飞临金星之前，科学先生卡尔·萨根曾多次撰文指出，金星上的温度有400多度，有一个颇有名气的科学家不相信，提出了赢一赔十的赌注，后来，探测器到达金星后就不再发回信号，这证明金星的高温使它的无线电系统失灵了。卡尔·萨根轻松赢得了一百美元。但在他的背后却产生了一个更大的赢家，有人研究了探测器失灵的原因后得出一个惊人的结论：金星上以前曾经有水。那么，金星上的水哪里去了呢?

金星大气中的二氧化碳含量极高，它导致过剩的温室效应，这样就使金星表面的水蒸发，在大气层中变成了水蒸气，强烈的太阳紫外辐射又使水蒸气分解成氢、重氢和氧，氧与无机物化合，而氢由于质量较轻而逃逸到外层空间。这样，金星大气层中就留下来许多的重氢，也正是它导致了探测器的失灵，由金星大气中重氢的丰度就可以得出结论，金星上曾经存在过水。金星之水丧尽还有另一个因素，那就是太阳的强紫外辐射也加剧了这一过程，使金星达到了今日的物理化学平衡态。

如果我们再考察一下地球的状态就会发现，地球上本来有水，一个偶然的因素出现了生命，这个偶然的因素可能是来自太空的陨石或彗星的撞击，这些陨石或彗星携带有生命形成必需的有机分子，生命的活动使地球大气层的变化达到了一种平衡态，最主要的一点就是，植物产生的氧气和动物产生的二氧化碳达到了一种平衡态。如这种平衡态被破坏掉，那么就会导致一场生态的

金星

巨大变化，恐龙的灭绝很可能就是这个平衡态被破坏造成的。这是地球对自己生命机理的一次自我调节，现在可以证明，地球上曾经发生过许多次生命大灭绝，每一次生命大灭绝都是地球在演化过程中的一次自我调节。用现代哲学的观点来说，是一种矛盾的统一过程。

荒凉的火星是另一面镜子

与地球相比，金星离太阳较近，接收到的阳光也较多，过强的阳光导致了水分的丧失，在太阳系里，还有另一个星球与地球的环境相当，那就是比地球离太阳稍远的火星。

虽然目前还没有人登上火星，但是，许多航天器发回了数不清的资料，种种迹象表明，火星上存在着固态水，它的大气层非常稀薄，二氧化碳含量极高，但是，却没有发现生命的迹象。虽然如此，我们并不能就下结论说，火星上没有生命，因为生命存在的基础条件是不一样的。

火星上曾经存在着液态水，火星的表面有纵横的河道，岩石的表面，有被水侵蚀的痕迹，证明火星的早期有过滔天的洪水，火星之水哪里去了？至今还无法解答，但是，可以肯定地说，火星的今日面貌，是它长期演化的结果，这也是它的一种物理化学平衡态。

地球今日的面貌是偶然后的必然

地球的早期与现在的状态很不相同，早期的地球，也曾有一个二氧化碳含量极高的时期，这时候，在地球生命中占绝对统治地位的蓝菌，把二氧化碳转化到碳酸岩石里，这样，地球的温度就降了下来。于是，地球上也就有了板块运动，地球今日的面貌并不是生命存在的先决条件，而是生命活动的结果。蓝菌的出现是一个偶然，这个偶然的现象彻底改变了地球的命运。

依据太阳系形成理论，在金星、地球和火星刚形成的时候，有着相同的物理化学平衡态，有较高的温度和液态水，都有生命起源和形成的条件。现在，在地球上依然可以发现一些在极端环境中生存的微生物，它们可能是早期的地球生命，这种极端恶劣环境中的生命可能是一种普遍现象，完全可以说，早期的金星和火星上都存在过这种简单的生命，在漫长的地球演化过程中，这些微生物改造了地球的基本状况，才产生地球今日的面貌，这是一个偶然的结局。但是，火星和金星却没有地球那么幸运，由于没有出现蓝菌，它们在自己的演化过程中走向了另一条道路。

初始条件的微小差异，导致了巨大的结果偏差，一个偶然的因素，使地球进入了今天这个生命繁荣的时期。

其实，地球的成功也不是一帆风顺的，它曾有过许多次的生命大灭绝，今天的高等生命是无数个偶然后的必然，地球的历史，就是生命与地球之间相互融合又相互斗争的历史。生命是造成地球现状的根本原因。如果地球上没有生命，那么它就会像金星那样产生过剩的温室效应，导致表面的高温，也可能像火星那样成为一个不毛之地。

金星的现状是天体物理学所预言的一种平衡状态。地球是远离这种状态的，这种状态是靠生命维持的，没有生命的地球也有一种平衡态，那就是金星的面貌。一个压力巨大、高温而又充满二氧化碳的奇异世界。

火星和金星也可能有一个短暂的生命史，在地球上，有许多在恶劣的环境中生存的古细菌，它们可能是早期这三颗行星上都存在的原始生命，但是，在以后的岁月里，它们没有成功地进化，也正是这个原因，使这两个行星与地球相比，成为失败者。

人类的文明造成了江河湖泊的污染，工业废气导致空气质量的恶化，但是，人类还要生活在这里，人会用自己的理性重新修复被破坏的一切，地球还会是这样的生机盎然，这也就是人与自然的平衡态。

假如地球上没有生命，它就会变成金星那样，或者说火星那样。

07 地球的神秘伴侣

地球的神秘伴侣是小行星

月球是地球的伴侣，地球只有这么一个伴侣，它在距离地球38万千米的地方，这对伴侣已经度过了几十亿年的岁月，尽管望远镜可以观察到几十亿光年以外的天体，但是在地球附近，从来没有存在另一个伴侣的蛛丝马迹。

但是，科学家并不相信这一点，他们依然在努力，认为地球还会存在着另外的伴侣。终于，在2011年，找到了这么一个天体，它没有具体的名字，暂时的编号叫做2010TK7，它确实是地球的伴侣，而且是一个神秘的伴侣。

月球围绕着地球运转，相当于地球的孩子，但是，这个神秘的伴侣却不是这样，它不是围绕着地球运转，而是跟地球具有同一个轨道，跟地球一样围绕着太阳运转，从辈分上来说，它与地球同辈分，可以称之为地球的神秘情人，它是一颗小行星。

月球距离地球只有38万千米，可是2010TK7却离地球远达8000万千米，不仅距离遥远，跟月球比起来，它的个头也小得多，直径只有区区的300米。长期以来，科学家无法发现它，现在知道了它的存在，也很难找到它，无法一睹它的芳容，地球的这个伴侣实在是神秘。

陷阱里的小行星

2010TK7是地球的神秘伴侣，它是地球的秘密情人，作为地球的秘密情人，自然会藏到一个秘密的地点，以至于直到现在才能找

到它。它所在的位置就很特别，它处在地球的拉格朗日点上，拉格朗日点位于两个天体之间，是两个天体之间的引力平衡点。那是一个稳定的地方，它既受到地球的引力的影响，也受到太阳引力的影响，两个天体对它的吸引力大小是一样的，那是一个平衡点。拉格朗日点是小天体的陷阱，只要小天体运行到这里，它就会进入陷阱，长期无法走出去。

假想一下，画一个等边三角形，每个角都是60°，地球和太阳分别位于这个三角形的两个顶点，那么第三个顶点就是拉格朗日点，2010TK7就位于这个顶点处。这样的三角形可以有两个，所以，拉格朗日点也可以有两个，如果站在太阳上观察它们，它们一个在地球围绕着太阳运行的轨道前面，一个位于地球绕太阳运转的轨道后面。2010TK7位于地球轨道的前面。

其实，地球的拉格朗日点共有五个，假想在太阳与地球之间画一条直线，这条直线上就有三个拉格朗日点，两个拉格朗日点分别位于地球的两侧，另一个位于太阳的另一侧。如果给这五个拉格朗日点分别作上标记的话，那么2010TK7位于第四个拉格朗日点上，被称为L4，也就是地球环绕太阳运行的轨道前面，它一直跟地球和太阳之间保持着60°。这里就是一个陷阱，它掉进这个陷阱出不来。

作为一颗小行星，它是什么时候掉进陷阱的，科学家不清楚，既然掉进了陷阱，那么就该有一系列的挣扎，试图逃出来，因为它还受到其他天体的引力影响。其他天体的引力鼓励它跑出去。它确

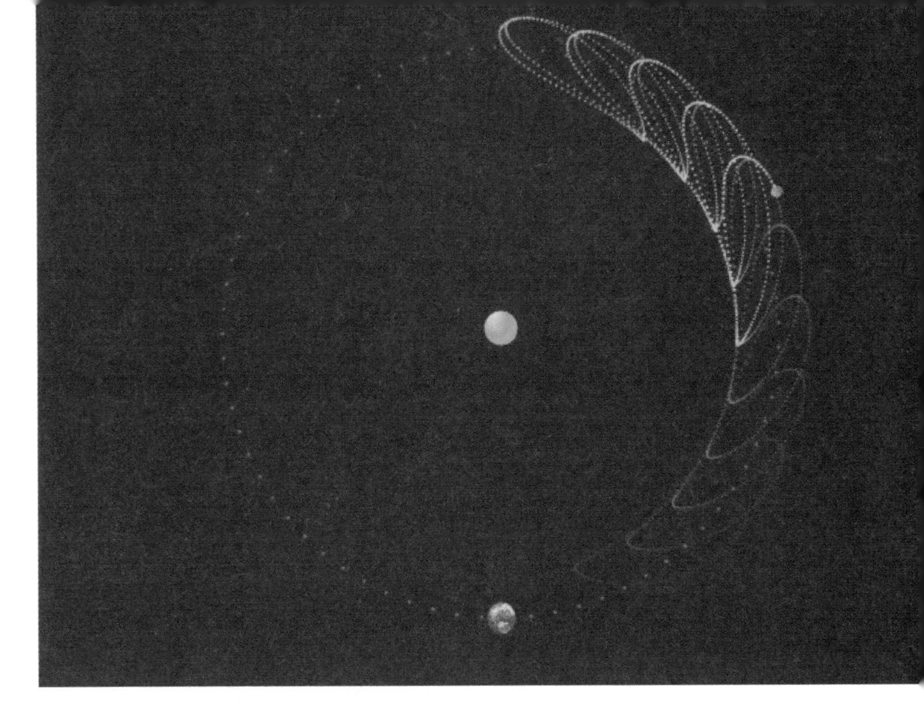

实在试图跑出去，而且挣扎的动作特别大，它的轨道就像是蝌蚪游动那样复杂，这个蝌蚪的中心就是L4拉格朗日点。利用大型计算机，科学家已经模拟出来2010TK7在未来1万年任何时刻的位置。从这些模拟出来的轨道图像可以知道，它有时候甚至能运行到太阳的另一侧。

不管它怎么挣扎，不管它能逃离多远，它最终还是逃不出L4拉格朗日点，这里就是一个陷阱，就像是有一根绳子把它拴住了。

地球的神秘伴侣不止一个

2010TK7在地球的前方，也在围绕着太阳运转，地球永远也追不上它，要想看到它，是一件十分困难的事情，它在地球轨道前方60°的地方，总是出现在白天，淹没在太阳的光辉中。长期以来，它就在那里隐藏着，科学家一直不知道地球还有这么一个神秘的伴

侣。其实，科学家早就怀疑地球会有这么一个神秘伴侣，其他大行星就存在这种情况。

很久以前就知道，在木星的前面存在特洛伊族小行星，木星的特洛伊族小行星不是一颗，而是好多颗。在火星和海王星附近，也存在这样的神秘伴侣，它们都位于大行星前面或者后面60°的地方，这里也被称为特洛伊族小行星。

由此，天文学界长期以来便怀疑地球的前面也会存在这样的特洛伊族小行星。但是寻找这些小天体将困难重重，由于角度关系，从地球上看去，这些小天体主要都将出现在白天，强烈的太阳光将

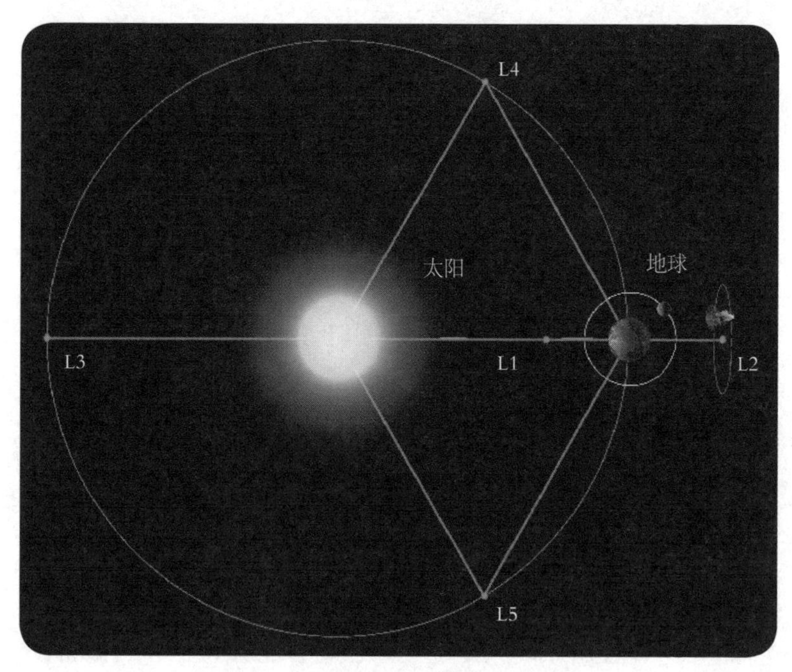

拉格朗日点示意图

淹没一切，长期的寻找一无所获。正是因为2010TK7拼命地挣扎，使它可以跑到距离L4很远的地方，距离太阳的光芒较远，就可以在黑夜中观察到它。

地球与太阳的拉格朗日点共有五个，每个点上都可以有多颗小行星，在地球的L4点上也该有多个神秘的伴侣，但是目前为止，还没有其他发现，只有2010TK7一个孤零零地存在着。虽然L4点上只有一颗小行星，但是在L5点上，也就是地球轨道的后面，却发现了另一颗小行星，这颗小行星名字叫做SO16，它也是地球的一位神秘伴侣。

SO16的直径达到数百米，就是一块大岩石，它在地球的后面，时而离地球远，时而离地球近，却永远追不上地球，不管怎样挣扎，它最终还是要回到L5拉格朗日点，那里就是它的牢笼，它无法逃出来。在未来，几十万年的时间内，它会长期地在那里，当然，它也是被俘虏来的，也死不甘心地待在原地，试图冲出牢笼。把它的轨道模拟出来可以知道，它的轨道是马蹄形的。

也许要不了多久，在地球与太阳的另外三个拉格朗日平衡点上，也能找到地球的神秘伴侣，而且每个平衡点上，小行星数量不止一颗，那时候，我们可以说，地球妻妾成群。

大行星派小行星轰炸地球

缝隙里的秘密

太阳系除了八大行星之外，还有数不清的小行星，这些小行星是大行星的兄弟，因为个头小，小行星并不能像大行星那样，拥有自己的轨道。它们集中在火星和木星之间，这里是它们的家园，这里就叫做小行星带。

但是，不要以为小行星带的小行星会自然地分布在这里，其实，小行星带的小行星并不是平均分布的，在这里会出现一些空隙，空隙里什么也没有，那里是空的。这种情况跟土星光环里面的环缝差不多。

1601年，伽利略把望远镜指向土星，它发现土星似乎有一对大耳朵，由于土星在围绕太阳运行的过程中，身子稍微有些倾斜，所以这对大耳朵时而可以被我们看到，时而又不见了。当时，土星有大耳朵的消息很让人迷惑。今天，我们知道，土星的大耳朵其实就是土星的光环。正是因为有光环，土星又得了一个美名，叫做戴草帽的行星。在长期的观察中，人们发现，土星的光环环带中间有两条暗缝，把光环分成三部分。土星的光环并不是一个整体，这让人们感到有点吃惊。

当先驱者和旅游者探测器接近土星的时候，人们更吃惊地发现，土星的光环有很多的环缝，这些环缝把土星的光环分成了无数个细条。土星的环缝可以向我们演示，小行星带里面的特征，那里存在着一个没有小行星的孔隙地带，当然，这个缝隙地带也极其宽广。

大行星驱赶它们

18世纪的人们以为，在火星和木星之间应该会有一颗大行星，人们找啊找，结果没有找到一颗大行星，却陆陆续续地发现了很多

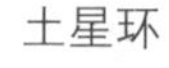

土星环

小行星。那时候人们认为，原来这里该有一颗大行星，不知道什么原因，大行星发生了爆炸，于是就留下来很多的小行星。

随着天文理论的发展，人们认为小行星的存在并不是大行星爆炸的产物，小行星是在太阳系形成早期就有的，它们跟大行星一同产生出来。但是却阴差阳错，没有能够形成大行星，应该说它们是大行星的半成品。

小行星由于个头较小的原因，屡屡遭受大行星的欺负，这种威胁主要来自木星。大行星不允许它们待在原来的轨道上，虽然相距遥远，也不能和平相处，它们会跟大行星发生轨道共振，这就导致小行星不能稳定地存在。最后，它们被大行星驱赶出去，或者奔向太阳系的外侧，或者奔向太阳系的内侧。总之，它必须要离开自己固有的轨道，踏上流浪的路途。于是，在原来的轨道上就会留下一些缝隙，这些孔隙，是大行星为它们设置的禁地。

1857年，美国天文学家丹尼尔·柯克伍德最早发现了小行星带里的缝隙，他认为这是大行星与小行星之间的轨道发生共振导致的结果，于是，小行星带里面的这些缝隙就被称为柯克伍德缝隙。

小行星被迫前去轰炸地球

当小行星被驱赶出原来的轨道之后，它们只能向太阳系的内侧迁移，只有往那里去，才能接近太阳母亲的怀抱。这种迁移也并不是直接奔向太阳，它在环绕太阳运行的路途中，轨道直径不断减小，最后才能靠近太阳。另一方面，小行星在投奔太阳的过程中，还要经过一个个的障碍，这些障碍就是太阳系的内行星。

第一个要碰到的目标就是火星，火星质量比较小，虽然相撞的概率很小，还是给火星的表面留下了累累伤痕。奥林匹斯山是撞击挤压的结果，宽达几百千米的水手大峡谷也记录了当年的沧桑与磨难。虽然水星和金星也会受到不小的威胁，但是，它们所遇到的灾难比地球要小得多。地球是最大的受灾户，更何况地球还携带着月球，这也大大增加了共同的引力，引来了更多小行星的撞击。

离开小行星带的小行星，除了向太阳系内侧迁移，它们还有另一条路，那就是向太阳系外侧迁移。但是，这条路途也不是那么好走，前面会有另一个巨无霸的拦截，这个巨无霸就是土星。土星强大的引力不会让它们继续向前，会让它们又回到太阳系的内侧，于是，它们也选择了前来轰炸地球。地球就是这样多灾多难，接受来自小行星两方面的夹攻。

那时候，地球有苦难言，它跟其他大行星和小行星一同形成，但是，其他大行星却仗势欺人，不仅欺压小行星，还驱赶它们轰炸地球，对地球犯下了滔天罪行。至于地球的伤口在何处，我们已经根本找不到，因为这个过程发生在太阳系刚刚形成不久的时候。

并不是一点证据都找不到，看看土星和木星两个大家族，就可以知道，它们当年的势力是多么庞大，它们都有五六十颗卫星，很多卫星并不是与它们一同形成的，而是当年小行星带里的小行星。被大行星收编就成为它们离开柯克伍德缝隙的另一种归宿，在木星的身边，还有上千颗特洛伊小行星，也是它们离开家园的归宿。至于那些不肯归顺它们的小行星，则被它们派遣前去轰炸地球。

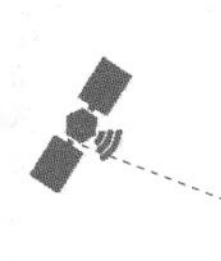

火星上的间歇性喷泉

蠢蠢欲动的喷泉

残雪消融的季节，大地上开始出现了春的绿意，这是寒冬过去，春天来临的景象。但是，在遥远的火星上，却不会出现这种景象，那里虽然也有春天，人们看到的却只有红色的大地，还有红色大地上的石头，虽然也有冰雪，冰雪却只能出现在南北两极，白茫茫的一片覆盖了整个极冠。于是，在那些靠近极区的高纬度地带，却有可能迎来春天的景象，那也是这个星球上最壮丽的景观，这种景观就是火星上的间歇性喷泉。

火星的极区白茫茫的一片，现在已经知道，那是二氧化碳冻结成的固体，也叫做干冰，是舞台上常常使用的烟雾的成分，而不是我们希望的水冰。它们在火星上那低温低压的状态中，只能以这种固态的方式存在着。当春天来临的时候，这些干冰也要融化，只不过它的融化过程很特别。

几年前，科学家发现，在火星的高纬度地带，白色的干冰上会

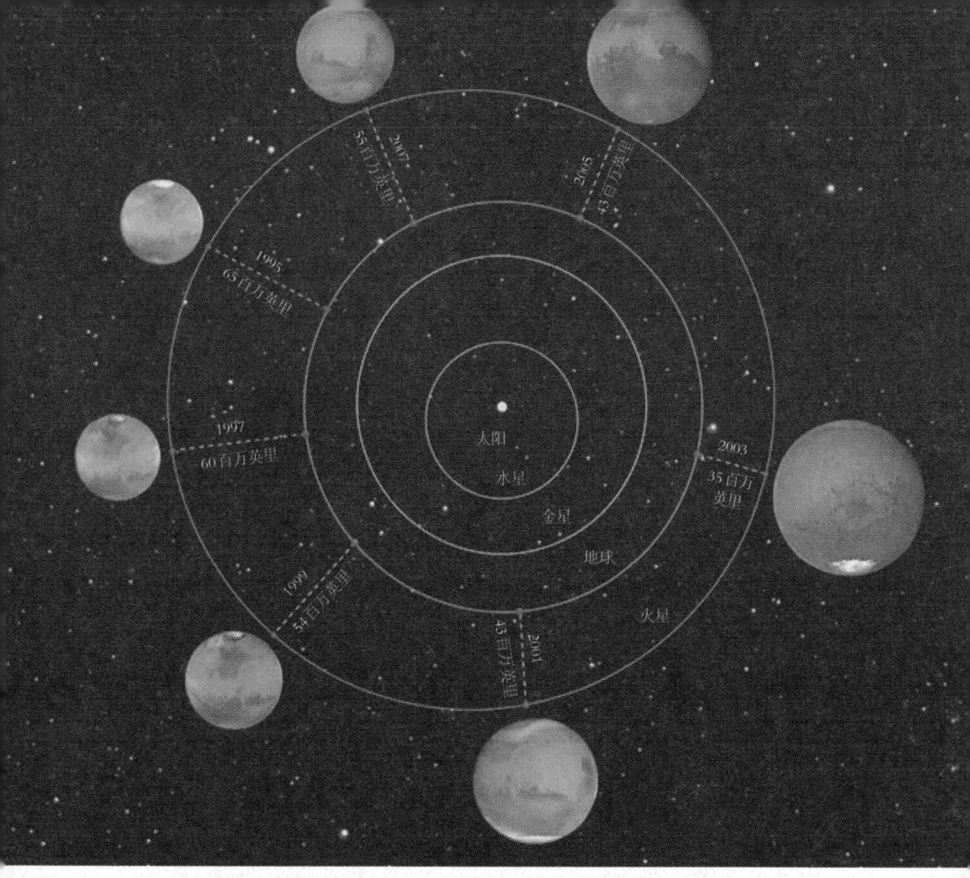

地球与火星的相对位置

出现一些黑点，然后，黑点越来越大，等到夏天的时候，这些黑点就消失了。看着这些黑点，科学家很茫然，他们不知道这些黑点是什么东西。随着技术的进步，更好的探测器来到了火星上空，让科学家可以更加仔细地观看这些黑点。这时候人们发现，这些黑点和白斑之间会形成一种奇特的图案，这是一种像花卷那样的图案，它们一个连着一个，就像是刚出锅的那样排列着，两垄之间还有着深深的间沟，这些黑色的间沟就是黑点的扩展。春天出现的那些黑点就是一个预言家，它们在告诉我们，火星上就要出现喷泉，这些喷泉在蠢蠢欲动，马上就要爆发了。

奇特的间歇性喷泉

那些黑点就是火星上的沙子，当阳光把干冰照射得融化以后，下面的沙子就会暴露出来，进而展现出少量的土地。现在的科学常识告诉我们，颜色深的物质更容易吸收阳光，所以这些黑色的土地可以得到更多的太阳热量，得到的热量寄存在干冰的下面，从干冰的下部进一步对干冰加热，加速干冰的融化。

干冰融化之后，会变成水吗？不会，它们会变成气体，也就是二氧化碳，二氧化碳潜伏在干冰的下面，数量越来越多，压力也越来越大，当干冰承受不住的时候，就发生了奇观。干冰对气体的压迫土崩瓦解，这些气体就要释放出来，猛烈地向高空喷发，这就是喷泉，喷泉里夹杂着干冰，还夹杂着泥沙，喷向火星的上空。

我们都见过喷泉，尤其是在城市内，那是人工喷泉，用来点缀城市的风景，它们把水柱喷向天空，这样的喷泉都是从一个点喷射出来的。但是，火星上的喷泉却不是这样，这是一种奇特的喷泉。

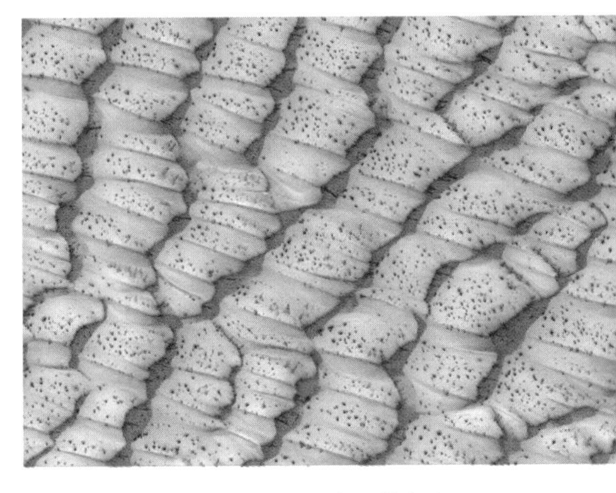

火星干冰上的斑点

火星上的喷泉此起彼伏，这个地方刚落下，另一个地方又开始了喷发，喷发的场景大面积

地出现在火星的极区附近。但是，喷发的地方只能出现一次喷发，它已经没有能力进行下一次的喷发了，要想看到下一次喷发，只好等到下一年的春天。所以，这种喷泉是间歇性的，间隔的时间实在是太长了，它需要一年的时间。

喷泉的喷出物也跟地球上大不一样，地球上的喷泉释放的是水，喷出后这些水还是要落回地面。但是，在火星上，就不一样了，这些喷出的二氧化碳气体升上了火星的天空，不会落下来，会越升越高，进入到火星大气层，成为火星大气的主要成分。

当喷泉过后，这里也就没有干冰了，开始露出红色的土地，要想再次看到这种景观，那就需要等到下一年了。

留给大地的痕迹

在火星的南极，存在着一个神秘的地带，那里有一些奇怪的图形，它们看起来像是蜘蛛，有着很多的触角向四周扩散，还有的像是蜥蜴的皮那样，带有不同的鳞片，或者说有着各种各样的花纹。其实这里的地形都是各种各样的沟槽，它们或深或浅，遍布在火星南极附近的大陆上。这些图形应该说是很奇怪的，但是，其实也并不奇怪，它们就是火星

火星上的间歇性喷泉

上的间歇性喷泉留下来的纪念。

白色的冰川干冰是主要成分，但是其中还会包含少量的水冰，干冰融化以后变成二氧化碳气体，水冰融化之后当然就会变成水，二氧化碳在喷发的时候，会有少量融化在水中，水不会像二氧化碳那样飞上天空不落下来，它们会回归大地。

这些含有二氧化碳的水渗入到地下，对土壤有侵蚀作用，就像是一个雕刻家那样，在火星大地上描绘出来这些奇怪的图案。

随着春天的脚步越来越远，夏天也就来临了，白色的干冰不见了，它们全都成为喷泉喷发的动力，飞上了天空，只留下这些奇怪的图形，向我们展示着这里曾经发生的喷泉。

现在已经基本可以肯定，火星上是一个没有生命的世界，对那些对火星充满幻想的人们来说，这是一个不好的消息。但是，间歇性喷泉的出现似乎又要推翻这种结论，很多人开始认为，火星上也许会有简单的生命。在地球上，有喷泉的地方一定是适合生命存在的地方，在火星上也应该是这样，于是，从火星上间歇性喷泉那里，人们又重新看到了生命的希望。

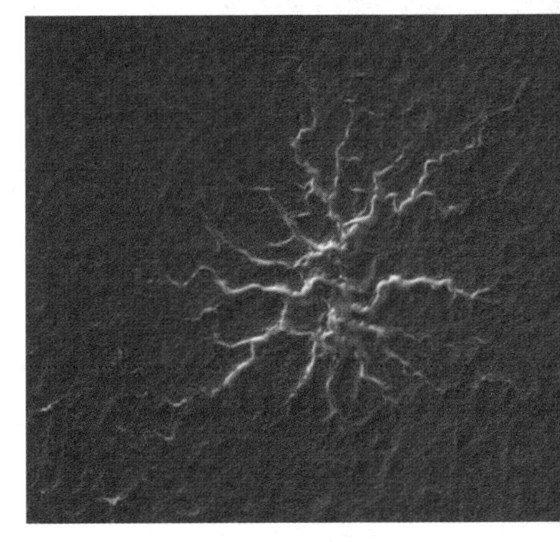

干冰融化之后留下的痕迹

天空起重机，助力好奇号火星车登上火星

好奇号关注神秘的火星

火星，这个名字永远地吸引着地球人类，那里是一个神奇的世界，那里的一切都让我们充满了好奇。正因为如此，每隔26个月，当地球与火星靠得最近的时候，地球人都要发射火星探测器，让火星车行驶在荒凉的火星大地上，给我们送来那里的探测结果。

2011年11月，这个机会又来了，一辆新的火星车被美国宇航局送上火星，这个火星车叫什么名字呢？美国宇航局向小学生征集它的名字，一个名字叫做马天琪的华裔小女孩，充满好奇心地仰望着火星，于是，她给新的火星车起了一个名字就叫做好奇号，她在自己的笔记中写道："好奇心是人们心中永不熄灭的火焰。"她起的这个名字被采用了，当然她也得到了一些额外的奖励，她把自己的名字写在了这个好奇号火星车上。

好奇号火星车与以往的火星车有着最大的区别，那就是它的个头太大了，质量也很大。为了把它安全地送到火星上，专门设计了一种独特的着陆方式，使用一种被称为天空起重机的机械装置。它可以像起重机那样把火星车轻轻地放在火星大地上，这跟以往的火星车着陆方式有着很大的不同。

2004年发射的机遇号和勇气号火星车是一对兄弟，它们先后到达火星，它们在着陆的时候使用气囊降落，几个巨大的气囊包裹着火星车，使它在落地的时候不至于被摔毁。为了更安全起见，气囊还被降落伞牵挂着，大大降低下降的速度。当气囊落地的时候，会被猛烈反弹到空中，最高可以达到十层楼高，落地后在地面蹦蹦跳

跳地向前滚动，停下来的时候，气囊把气体释放出来，然后，火星车就出现了，它压过气囊行驶到火星大地上。

如果火星车轻一些，只采用气囊一种方式就可以了。机遇号和勇气号火星车都比较重，采用了气囊和降落伞这两种安全措施，好奇号的质量超过了1吨，大小相当于一辆普通轿车，这就需要更加安全的措施来降落。

好奇号降落的三部曲

乘坐着火箭的好奇号距离火星越来越近，当它距离火星130千米的时候，着陆的准备工作就开始了，在长达7分钟的时间内，可以分为三个步骤，第一步是打水漂。

当你拿着一个瓦片向着水面抛出去的时候，瓦片可以在水面上一蹦又一蹦地漂出很远，好奇号火星车也要经过这个步骤。好奇号火星

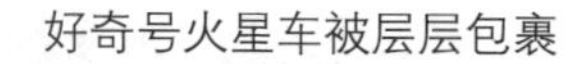
好奇号火星车被层层包裹

车被隔热物质层层包裹着，最外面的是隔热罩，隔热罩分为两部分，它们合在一起就像是一个陀螺，陀螺的底部很宽大，就像是一个盘子，这可以保证它在火星大气层中打水漂的时候漂得很远。

为了让陀螺以这种方式进入大气层，陀螺的外侧还带着一个像车轮那样的装置，这是一个推进器，它开始调整陀螺的着陆姿态，经过几个反复的调整之后，把下降的姿态调整到最好，推进器也就没有用了，它脱离出去，陀螺开始进入火星大气层。盘子一样的底部开始打水漂，在与大气层剧烈的摩擦中，产生2100多摄氏度的高温，保护好奇号不受损。但是，这个盘子却因此而变得伤痕累累，它在接近地面11千米的时候，就与隔热罩上部脱离，完成了使命而坠毁。

这时候好奇号的着陆进入到第二步。随着底部隔热罩的脱离，降落伞同时打开，它带着好奇号缓缓在空中下落，在距离地面8千米的地方，摄像机打开，把这珍贵的下降过程拍摄下来，让我们好好欣赏。这个浪漫的过程会很快结束，当降落伞也脱离的时候，就只有好奇号和天空起重机继续下降。

距离地面只有1千米的时候，着陆进入第三步，也就是最重要的一步，天空起重机开始隆重登场。

只使用几分钟的天空起重机

起重机就是把重物吊起来的机械，俗名称作老吊车。但是，老吊车必须站在地上才能使劲，要是它在空中就没法使劲，这就必须

天空起重机帮助好奇号火星车下降着陆

使用直升机。实际上，天空起重机这个名称最初就是指一种专门吊重物的直升机，直升机吊重物这种方法被航天专家看上了，他们准备在火星车降落的时候使用。

火星上并没有直升机，为了把好奇号火星车安全地放到地面上，再发射一个直升机过去，那也是做不到的。帮助好奇号安全着陆的天空起重机绝不是直升机，它是一种特别的机械，可以向下喷火，由此获得升力，充当直升机的作用。

当好奇号火星车距离地面1.4千米的时候，隔热罩的上半部也脱离了，好奇号完全露出来，但是，此刻的它像一个婴孩那样还蜷伏在一个架子的下面，这个架子就相当于起重机。当架子上八个火箭向下喷射的时候，它就产生了升力，于是，天空起重机就开始工作了。它首先释放出一根绳索，火星车就吊在绳索的下面，随着天空起重机一起下降，最初的速度是每秒80米，然后越来越慢，直到最后好奇号安全着地。

好奇号火星车

虽然天空起重机已经顺利完成了自己的使命，但是它却不能落到地面上，那样会压在火星车上，火星车就无法行驶。所以，当好奇号触及地面的时候，绳索将会自动断开，好奇号留在地面上，而天空起重机则会重新飞起来，飞到几百米的远处才能落下来。

天空起重机从开始工作到最后落到地面上，只有短短的几分钟时间，当天空起重机落地的时候，它也就因为完成了自己的使命而寿终正寝。这个时刻，好奇号火星车开始睁开眼睛，好奇地打量着这颗神秘的星球。

天堂的舞会

在火星和木星轨道之间，有数不清的小行星，组成一个小行星带。这个小行星带被称为“天堂”，小行星们就是天堂里的居民。随着观测技术的不断进步，人们发现这里的居民总数已超过50万，而且数量还在急剧增加。幻想中的天堂是一个充满欢乐的世界，有各种各样的娱乐活动。而在这个天堂里，居民们唯一的娱乐活动就是跳舞——不知这个舞会开始于何时，但可以肯定的是，这个舞会将永无休止。

大力神星有忠实舞伴

与其他天体比起来，小行星距离我们比较近，它们常常会跑到恒星的前面，遮住恒星的光芒，这种现象被称为小行星掩星。利用这样的机会，天文学家可以得到许多来自恒星的信息。1978年6月7日，美国天文学家麦克马洪在观测532号大力神小行星掩恒星时，竟然获得了意外惊喜——他发现大力神有一颗卫星。大力神星如其名，个头比较大，直径为243千米，而它的卫星显得娇小玲珑，直径为45.6千米。大力神与它的这个舞伴相距977千米，对于跳交谊舞的双方来说，保持着文明的距离。

这是天文学家第一次发现小行星有卫星。恒星有行星环绕，小行星也有卫星，这样的发现既让人感到意外，也在情理之中。因为再小的天体也能产生引力，当它们走得比较近的时候，就像男女之间要产生情感一样，其结果就是小的要围绕着大的运转。

这会不会是小行星中的一个特例呢？天文学家对这个问题开始

感兴趣了，并开始进一步探寻。那时人们知道的小行星还很少，要想观测到掩星现象也不是那么容易。于是他们把以前的掩星照片拿了出来，经过半年研究，终于有了新的结果：从已有的掩星资料来看，18号郁神星也有舞伴，两者的中心相距约460千米。随后使用同样的方法又发现，大概有三四十颗小行星都有自己的舞伴，其中包括2号智神星、6号春神星、9号海神星、12号凯神星等。

爱神星与指派的舞伴联姻

这些天堂里的“神仙”很是悠闲，它们带着自己的舞伴在跳交谊舞的同时，也在享受着爱情。但是，有一个现象令天文学家十分遗憾，那就是最应该享受爱情的爱神星却没有舞伴，总是孤零零地看着其他神仙跳舞。为此，科学家们专门为它安排了一个舞伴。

1996年2月，美国宇航局发射了一颗小行星探测器，名字叫做NEAR-苏梅克。2000年2月14日，这一天是情人节，它来到爱神星身边，围绕着爱神星运行并且为爱神星拍照。这个运行过程就像两个人在跳交谊舞。爱神星长得一点儿也不好看，那一个个的环形山就像一脸的麻子，但苏梅克并不在意，他们一边跳舞一边谈起了恋爱。一年后，2001年的2月12日，距离情人节还有两天的时候，为了更好地探测爱神星，NEAR-苏梅克遵照科学家的指示，降落在爱神星的表面，投入到了爱神星的怀抱里。这一天就是他们举行婚礼的结婚纪念日，虽然这是一段包办婚姻，但是他们的婚姻却牢不可破。这种跳舞产生的姻缘实在是天堂里的一段佳话。

乱找舞伴的孤独者

像爱神星这样由科学家来安排并制造舞伴的情况仅此一例，对于更多的小行星来说，它们依然是孤零零的。当旅行者2号探测器飞过天王星时，它发回来一些照片，从那些照片上，天文学家看到了一个直径为40千米的小天体，于是给它临时编号 S/1986U10，表示它是天王星的第10颗卫星。把它划分为天王星的舞伴，这种认识也很合理，小行星的轨道有很大的不确定性，它们跑到木星轨道以外去的例子不胜枚举。

但好景不长，后来国际天文联合会制定了新的规则，规定大行星的卫星，必须经过哈勃望远镜拍摄的图片确认。它那么小的个子，哈勃实在很难找到它，当然也就没办法为它拍摄一张身份照。于是这颗小行星被取消了作为天王星舞伴的资格。可以说，它是在乱找舞伴，尽管这个错误不是它本身造成的，它也没有想高攀大行星作舞伴的意思。

地理星跳霹雳舞

对于绝大多数天堂里的居民来说，如果自身个子小，长得也如同歪瓜裂枣，那就注定了它们很难找到舞伴。但它们也不甘寂寞，没有舞伴跳交谊舞，它们就独自跳起了霹雳舞，地理星跳的就是霹雳舞。

1620号小行星叫地理星，是为了答谢美国国家地理协会对天文工作的一贯支持而命名的。以前人们一直猜想地理星可能是个狭长

的天体。1994年，它距地球仅有510万千米，这使得天文学家有机会好好研究它，他们用射电望远镜向地理星发射电磁波，根据雷达显示的回波，绘制了地理星的详细形态图。这张图证实了天文学家的猜想：地理星个头很小，呈现很不规则的长条状，长为5.1千米，可宽度仅有1.8千米，是太阳系已知的最狭长的天体。

当一个天体很大的时候，其形态是圆形，它的自转轴一定要经过它的圆心。小行星可能是大天体在相互碰撞中产生的碎块，尽管形态很不规则，但也要自转。像地理星这样的狭长天体自转起来非常特别，由于它的质量中心很难确定，它也就没有固定的自转轴，为了找到平衡，它在自转的时候可能会经常翻跟头，所以，它跳的是霹雳舞。它在不停地寻找平衡的过程中，会做出各种各样的翻滚动作，于是，它所表演出来的霹雳舞动作也是多姿多彩的。从理论上来说，许多不规则的小行星都会跳这种霹雳舞。

休神星爱跳快三步

现在已经知道，小行星有卫星是很常见的事情，但是它们之中还有一些特例存在，比如当两个小天体的大小一样大的时候，那就是双小行星了。

休神星是第40号小行星，它的两颗天体几乎拥有同样的亮度，这也显示它们具有相同的物质组成，直径都为80千米，大小一样。这种情况就不是小的围绕大的运转了，而是两者围绕着它们公共的质量中心运转。它们两者彼此相距170千米，相互绕转一周所需要的时间为16.5小时。当这个发现结果公布的时候，人们去寻找以前观测资料的时候却发现，1996年，丹麦天文学家就描绘了该小行星的光变曲线，它的光变曲线已经表明它是个双小行星。

休神双小行星不仅要相互绕转，它们所组成的这个系统还要围绕着太阳运行，这个过程就像是跳快三步，不仅要相互快速绕转，还要围绕着舞厅的中心旋转，休神星就是这样永无停休地跳着快三步。

不文明的跳舞者

小行星的模样千奇百怪，很多小行星其实就是一块大石头，跟地球上一座大山的大小差不多。通过研究它们的形态，可以知道它们过去的运动状态。现在观测可以看到，它们中有些像哑铃，还有些就像两块粘在一起的大石头，这样的情况表明，过去它们是两个

天体，曾经在一起跳过舞，由于日久生情，做出了出格的动作，就像一对不文明的舞伴，在一起拥抱着亲吻起来。

人类跳舞亲吻是因为情感，天堂里的居民却是由于万有引力才拥吻到一起。由于外形不规则，它们在运行的时候找不到自转轴，最后就会碰撞在一起。在这里唯一可以约束它们的法则是开普勒天体运行三大定理，那是建立在万有引力基础上的，所以天堂居民的这种行为也符合天堂的自由法则。

最亲密的舞伴

第90号小行星安提奥珀是1866年发现的，2000年发现它实际上是“双小行星”。于是，科学家对它又开始产生进一步的兴趣，从2003年1月开始，对它进行了两年以上的长期观测，不仅欧洲南方天文台甚大望远镜，还有当代的巨无霸凯克望远镜，都参与了对这对小行星的联合观测。这对小行星与地球的位置关系也有利于观测，这两颗小行星相互绕转的轨道面恰巧侧向地球，因而经常发生相互掩食。

从掩食的亮度变化，可以推算出它们的形状和大小。结果表明它们大小一样，不仅如此，还都是椭球形或卵形的，两者的三轴长度分别为93.0千米 ×87.0千米 ×83.6千米和89.4千米 ×82.8千米 ×79.6千米。两颗小行星的距离为171千米，推算出它们的总质量为8.28亿吨。

通过这些数据，科学家发现，这是一对非常亲密的小行星。它们以前可能是同一颗小行星，后来发生了分裂，成为了两颗小行星。

它们相互绕转轨道运动周期为46.5小时，当然它们也要自转，由于大小和质量相同，它们的自转周期也相同。这个数字很巧合，也是46.5小时，这就是同步自转。这样的舞姿就很奇怪了，就如同它们手拉手，面对面地向着一个方向转圈子，而且步伐一致，最离谱的是，它们这样跳舞的时候始终面对面，相互之间深情地凝视着对方。

在天堂的舞会中，没有舞伴的会找到舞伴；有舞伴的也可能会喜新厌旧，换个舞伴；绝大多数居民由于不规则的外形，使它们看起来怪模怪样，找不到舞伴，只能跳自娱自乐的霹雳舞。文明的和不文明的各种表演没完没了，天堂里的舞会永无休止。

小行星的家庭结构，有单身贵族也有三口之家

人类社会是由无数的家庭组成的，而每个家庭又是由不同数量的人员构成，有四世同堂、人丁兴旺的大家庭，有只想长久享受夫妻之间甜蜜宁静的两口之家，而最为普遍的则是一对夫妻和一个孩子的三口之家。有趣的是，在宇宙间——特别是在太阳系的火星和木星轨道之间，也存在着我们这样的社会形态，它们的“家庭结构”也与我们人类社会有着惊人的类似，呈现着多元化的现象。

单身生活太无奈

从18世纪起，天文学家热衷于寻找太阳系的大行星，他们总觉得太阳系还是“人丁”不旺，所以总是希望能为太阳系社会再发现一些新成员。就在这种寻找的过程中，他们发现了一个奇怪的现象：大行星之间的分布很有规律，符合一个数列。但是，这个数列并不完美，存在一个问题，那就是在火星和木星轨道之间，缺一个行星。按推论这个行星是应该存在的，于是，他们的视线都紧紧地盯着这个地方了，在这里寻找那颗“失踪”的行星。可是，正所谓“有心栽花花不开，无意插柳柳成荫”，“失踪”的大行星没有找到，却意外地找到了另外一颗很小的行星。

1801年元旦这一天夜晚，人们都沉浸在送旧迎新的节日气氛之中，一位天文学家却仿佛与这些热闹和快乐无缘，仍然孤寂地与望远镜相伴，全部身心都融入了苍茫、浩瀚的星空之中。仿佛是新年给他带来了好运，这一天他发现了一颗新的行星，这颗星的位置正好在火星和木星之间，符合寻找的要求。但是，这颗被命名为谷神

星的行星的个头很小，这让他感到很大的困惑，因为它比起太阳系中其他小行星实在是小太多了。

继这位天文学家之后，在这个位置附近，不断有小个子行星被发现：1802年发现了智神星；1803年发现了婚神星；1807年发现了灶神星；40年之后的1847年，又发现了义神星。到1890年，已经有300颗小行星被发现了。随着照相术的发明应用，发现小行星更是变成了一件越来越容易的事情，在20世纪的后几十年，通过这种方式发现的行星数量开始大幅度增长。这一系列的发现，让人们不得不面对这样一个事实，在火星和木星轨道之间，并没有大行星，在这里存在的都是小行星。这些新发现确实给太阳系社会增加了许多新成员，不过，这些新增加的“小弟弟”虽然数量很多，但它们都有个共同的特点：它们之间基本上没有什么引力关系，都是属于那种独来独往的“单身汉”，孤零零地在小行星带飘荡。

两人世界真精彩

在火星和木星之间的“单身汉”实在太多了，慢慢地，人们对这些自由散漫、天马行空般的“王老五”们，已经见怪不怪了。但是，在一个偶然的情况下，人们忽然发现，有些“单身汉”实在是名不副实，它们实际上已经有了“事实婚姻”，早就带着一个“伴侣”，过着“亲密恩爱”的“地下夫妻生活”。

1978年6月7日，美国天文学家在观测532号大力神小行星掩恒星时，意外地发现，大力神有一颗卫星！大力神星如其名，个头比较大，直径为243千米，而它的卫星则是一副娇小玲珑、小鸟依人的模样，直径为45.6千米，大力神与它的这个卫星相距977千米。这是天文学家第一次发现小行星有卫星，这个“两口之家”是不是小行星中的一个特例呢？天文学家对这个问题开始感兴趣了，他们决定进一步寻找下去。

要想观测到小行星掩恒星的机会是很不容易的，但是这也难不倒天文学家，因为现在在天文观测中，照相术已经得到充分的运用，人们往往会把当时的观测资料用照片拍摄出来，以备以后研究使用。令人高兴的是，以前那些照片真的帮了大忙，从这些照片中发现，18号郁神星也有卫星，两者的中心相距约460千米。又经过半年多的研究，科学家们的收获可谓硕果累累——从已经拍摄的照片中，陆续发现了30多颗带有卫星的小行星，其中包括2号智神星、6号春神星、9号海神星、12号凯神星等。

这些发现都让天文学家开始感到惊喜，在火星和木星之间，原来还有这么多的“小夫妻”在安静、“美满”地“生活”着，给这空旷、寂寥的太阳系，平添了许多“温馨”与“生机”。

一般来说，在这些“两口之家”中，必须要有一个大的和一个小的，小的是大的的卫星，围绕着大的运转，这就像人类中许多家庭一样，通常男人是家庭的主心骨，而女人往往处于从属地位，夫唱妻随，这样才能构成一个稳定的家庭。那么，在这些“两口之家”中，会不会有一些特例，有没有个头一样大，谁也领导不了谁的现象存在呢？别说，这种情况就真的存在。

天文学家发现，第40号小行星休神星，它的两颗天体几乎拥有同样的亮度，就像是夜空中的双星那样，它们的直径都是80千米，这不仅显示它们是一样大的，也显示它们可能是由相同的物质组成。它们两者彼此相距170千米，相互绕转一周所需要的时间为16.5小时。一开始，人们有些奇怪，这么明显的特征，为什么以前就没有发现它是一对双星呢？当人们把以前的资料找出来检查时却发现，早在1996年，丹麦天文学家描绘该小行星的光变曲线时，

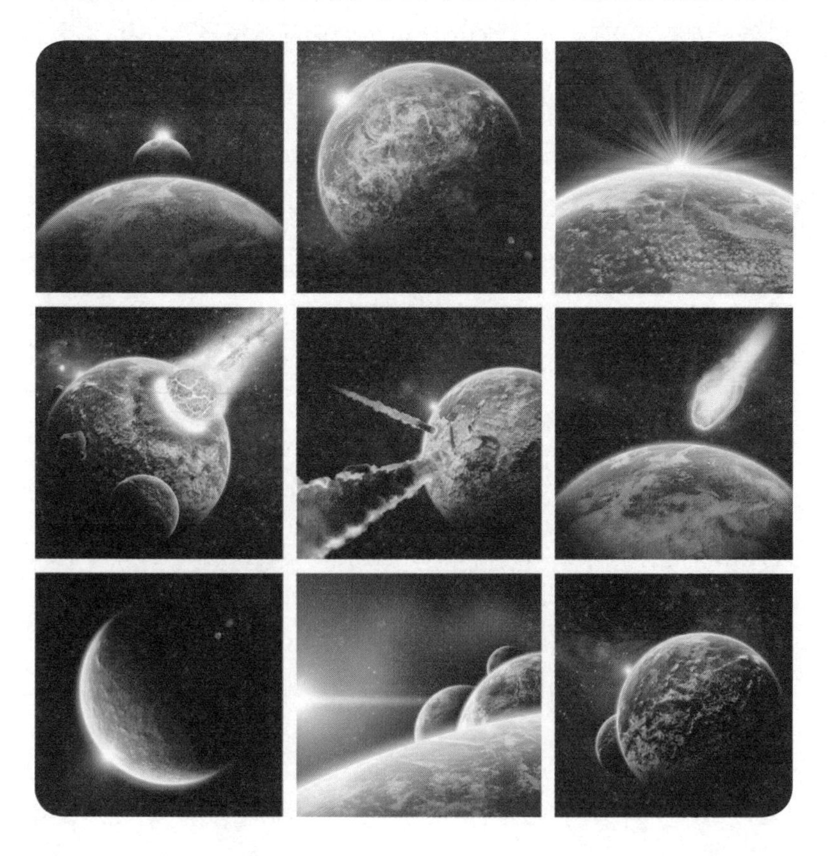

已经表明它是个双小行星，遗憾的是当时人们并未加以注意。

既然是大小一样，质量也一样，那也就不存在谁主谁次的情形了，它们不是一个围绕着另一个运转，而是两者围绕着它们公共的质量中心运转，就像那些相敬如宾、地位平等的夫妻一样。于是，人们知道了，在小行星社会里，不仅有“两口之家”，而且这些“两口之家”中，还存在着两种不同的生活模式，“夫妻关系”也有所不同。

三口之家很温馨

在太阳系内，“甜蜜小两口”的发现，确实给人们带来了惊喜。但是，到了如今，又出来了更稀奇的事情，现在居然又发现了还有“三口之家”。

2005年8月，美国加州大学和巴黎天文台的天文学家共同宣布，他们发现了一个“一家三口”的小行星系统，其中，主小行星的名字叫做茜尔维亚，这是以罗马神话之母茜尔维亚的名字来命名的，它是小行星系统中一颗较大的小行星，半径为136千米，它与太阳的距离是地球距太阳距离的3.5倍，在火星和木星轨道之间运行。茜尔维亚主星可能由冰和原始小行星的碎石构成。其实，早在1866年，科学家就发现了这颗小行星，那时候也仅仅知道它是个“单身汉”。但是，2001年，它的“单身汉”形象被改变了，科学家发现它还有一个伴侣，它其实是“两口之家”的成员。

天文学家很想知道这个“两口之家”的轨道特征，在两个月的时间内，他们对这个“两口之家”进行了多次观测，每一次观测都留下

了丰富的图像资料，通过研究这些图像资料，人们不仅算出来了这个“两口之家”的轨道关系，而且还发现了另一个小行星总是陪伴在它们周围——就好像是夫妻身边带着一个小孩子一样，这就表明，它们三者之间有着引力关系。于是，这些天文学家宣布了他们的新发现：这不是“两口之家”，而是“三口之家”。新发现的这颗卫星特别小，直径只有7千米，而且因为太小并且距离它的“父母”太近，它往往会淹没在它们的光芒中，这样就很难发现它。它每33个小时环绕主星运行一圈。“三口之家”的发现，使这些小行星的社会更加丰富多彩。

“单身贵族”、“两人世界”、“三口之家”的先后发现，不断地给人们带来惊诧和喜悦。如今，人们更加感兴趣的是，太阳系是不是还会存在着“一家四口”的小行星家族？可以肯定地说，这种情况一定会存在，而且，科学家还相信，随着观测技术的进步，不仅会有“四口之家”面世，还会有“五口之家”、“六口之家”被发现，甚至可能还会发现“几代同堂”的太阳系中的“小太阳系”。同时，也可以预见，它们之间的轨道关系就会更加复杂，就像人类社会一样，家里人口越繁杂，也就越容易产生更多的矛盾。不过，越是复杂的星体现象，就越能激发起天文学家们的研究兴趣，也越有研究价值。

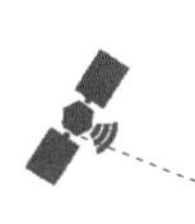

小行星的繁殖也靠太阳

植物的生长需要太阳，动物或者以植物为食，或者以动物为食，它们的生长也离不开太阳，在我们的地球上，万物生长靠太阳这个说法绝对没人怀疑。这个说法在太空似乎也可以说得通，小行星的繁殖也靠太阳。

小行星在地球轨道之外，在火星和木星之间，小行星的数量达到上百万颗，最大的直径也只能有1000千米，绝大多数个头很小，说它们就是一块大石头，一点也不为过，这么小的个头让它们的外形很不规则，形状跟大石头也差不多。

种豆得瓜的发现

如何保障人造卫星在天上运行，这让航天技术专家费尽了脑筋，他们发现，卫星并不能按照计算好的轨道运行，经过一段时间之后，卫星的轨道总是要跟理论计算出来的结果有一些差别。是谁影响了人造卫星的轨道，不让它们好好地待在自己的轨道上？航天

专家们开始研究这个问题，最后发现，罪魁祸首竟然是阳光。

小行星并不发光，它们反射太阳的光芒。当小行星受到太阳照射的时候，表面的温度会升高，升高之后，就会向外界辐射热量，热量向外界辐射，就会推动小行星向前运动，这一点就像有一个小型的喷气发动机在向外界喷射气体，让小行星获得了一个向前的推力。

这一发现早就有预言，一百多年前，俄罗斯有个工程师名字叫雅科夫斯基，他预言当小行星受到太阳光照的时候，会出现这种结果。但是当时人们并没有在意他的这个预言。前几年，这种现象终于被发现了，所以，太阳光推动小行星向前运动，就被称为雅科夫斯基效应。

航天技术专家终于可以眉头舒展了，雅科夫斯基效应就是人造卫星不能安定地在自己的轨道上运行的原因，当人造卫星受到阳光照射的时候，向阳的一面温度很高，背光的一面温度却很低，这样就造成卫星两面温差巨大，于是，卫星就可能会改变轨道。

寻找人造卫星为什么不能安定地待在自己的轨道上的原因，却发现了雅科夫斯基效应，真可谓种豆得瓜，这样的种豆得瓜的结果让另一批研究地球安全的天文学家很是兴奋。

有一些小行星的轨道很不规则，偶尔会来到地球的身边，会给地球的安全带来严重的隐患，肩负地球安全的科学家很不安。雅科夫斯基效应无疑让他们找到了一种拯救地球的方法，他们提出一种方案，如果给小行星的一面刷上深色的颜色，就可以让它们多接收

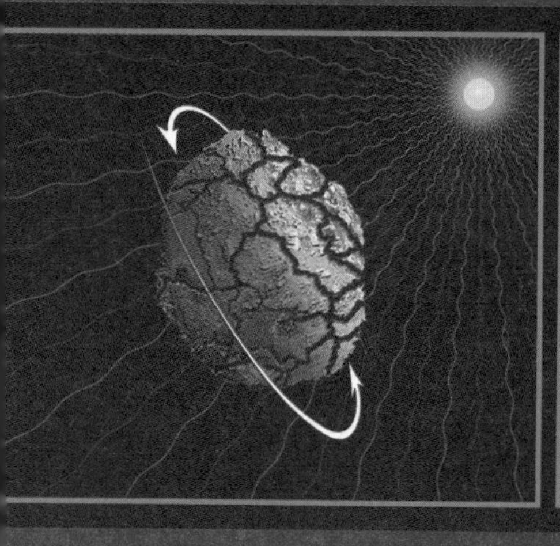
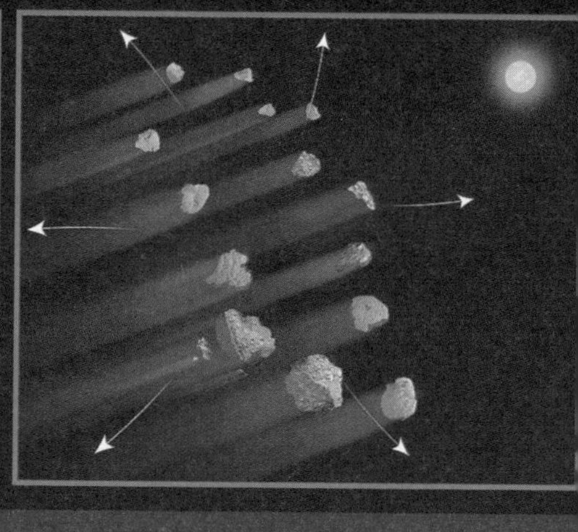

太阳能，得到更多的热量，雅科夫斯基效应也就更加明显，这样就可以轻易地改变小行星的轨道，让它不会撞击地球。

阳光让小行星自我繁殖

阳光可以让小行星改变运行方向，但是有时候，阳光也会导致另外一种意想不到的结果，它还能让小行星生小行星。

当阳光照射在小行星上的时候，温度会非常高，尽管小行星也有自转，但是自转非常缓慢，这就使得受到阳光照射的地方温度更高，一般情况下，一百多度不成问题。另一方面，小行星受不到阳光照射的另一面温度非常低，这是在宇宙真空中，最低温度在零下270摄氏度，这使得同一颗小行星两面的温度相差悬殊。

这会导致一种很严重的后果，小行星受不了这样的温差变化，它会裂开，变成两块，或者变成三块甚至更多，分裂出来的碎块也成为独立的小行星。于是，小行星就繁殖了后代。

长得像鞋底的简单单细胞生物是草履虫，它就是这样繁殖的，一个分裂成两个，两个分裂成四个。小行星跟草履虫的繁殖竟然是一样的，但是不同的是，草履虫在繁殖的时候，需要食物，小

行星就不需要食物，只需要受光照的一面和阴影面温度悬殊就会发生分裂。

能够满足这种条件繁殖的小行星绝不是一块坚硬的大石头，它们可能是很多岩石的聚合体，依靠引力的作用聚集在一起，本身就不够坚固，这样阳光就可以轻易地让它们分裂，从而产生出来自己的后代。

新小行星的个性

为了证实雅科夫斯基效应是否真的能促使小行星分裂，科学家在计算机中进行了试验。他们让一堆碎石来代替一颗小行星，当阳光照射它们的时候，碎石被加热，开始了旋转，旋转越来越快，这样，小行星就不是一个大圆球，它开始变成了一个大厚饼，赤道部分严重向外界突起。有一种分离出去的力量在控制它们，终于，它们分离了出去，形成了另外一部分，分离出去的部分在引力的作用下又重新聚合，成为了另一颗小行星。

作为一颗新的小行星，它跟母体必然有一些联系，就像是女儿跟母亲的关系一样，有着很多相同的基因，让外界可以辨别她们是母女关系。

新的小行星跟母体相同的是它们有着相同的轨道，看上去它们在一起运行，在同一条路线上运行，这样步伐一致的两颗小行星，可以让科学家很容易地辨别出它们曾经是一颗小行星。目前。科学家已经发现了35对这样的小行星对。

以前，科学家知道，当小行星从大行星旁边经过的时候，大行星的引力会把它们撕裂，产生出来新的个头小的小行星。小行星在前进的道路上，也会俘获一些岩石，使之变成自己的卫星。这些都是小行星生小行星的方式。现在他们知道，阳光的照射也可以让小行星生小行星。看来，万物生长靠太阳这个定律在太空中也同样适用。

14 朱庇特有多少情人

给木卫系统命名的困惑

西方人喜欢用希腊神话中的人名为天体命名，他们对那些名字有着特别的偏爱。为了给每一颗天体起名字，他们可谓费尽苦心。他们把木星叫作朱庇特，这是罗马神话中的最高神，拥有至高无上的法力和权力，罗马神话与希腊神话可谓一脉同源，所以朱庇特也就是希腊神话中大家都知道的宙斯。按照神话传说，它是个风流成性的家伙。于是，给木星的卫星起名字就变成了一件十分有趣的事情，那些围绕在木星周围的卫星被看作是朱庇特的情人。

国际天文协会有一个天体命名委员会，专门负责给太阳系的天体起名字。在讨论木星卫星如何命名的时候，他们提出了一套方

案，命名的主要卫星是木卫六到木卫十三，规定它们是朱庇特所窃爱的人，因此在希腊神话中，它们都是默默无闻的女性，它们从来也没有被小行星命名过。其次，还要按照是顺行还是逆行来给它们加一个词尾，用A或者用E来加以区别。

很显然，这套规则有着它的局限性，这样做就会把朱庇特那些著名的情人抛弃掉，从而没有在木卫家族中露面的机会。最不公正的是，赫拉永远也不会陪伴在朱庇特左右。不管这对夫妻关系怎样不好，赫拉毕竟是明媒正娶的，是朱庇特最正宗的妻子。

于是又有人为木星卫星制定了另一套命名规则，按照这套规则，朱庇特的那些著名的情人也都升上天堂，陪伴在朱庇特的左右。但是，这套命名方案里依然没有赫拉的位置，因为最大的四颗是伽利略卫星，它们的名字大家都已公认，要想改变这种现状，实在很困难。其他的卫星又太小，实在配不上赫拉这样显赫的地位。所以这套命名规则一直也没能正式使用，没能使用的原因是很多的。

数字命名占据优势

公元前4世纪中叶，也就是战国时期，齐国有一个天文学家叫甘德，甘德著有《天文星占》八卷，在他的著作中，记载着木星有卫星，后人考证后认为，甘德看到的就是木卫二。20世纪80年代，北京组织了一批学生，证明用肉眼是可以看到木卫二的。

甘德的著作是有关木星卫星的最早记载，由于现代科学技术起源于欧洲，有关恒星区划的方法也都沿袭着欧洲人的划分习惯，木星卫星的发现者，也就变成了伽利略。

当伽利略把他的望远镜指向天空的时候，他不仅发现了月球上的环形山，还发现有四颗小星总是围绕在木星的周围，这就是距离木星最近的四颗卫星，这使那些神学家们惊慌失措，他们不相信行星会有卫星。为了避免自己的发现与教会的观点发生冲突，伽利略经过理智的思索，决定把这四颗卫星叫做美第齐家族卫星，因为这是一个有势力的家族，他们给伽利略的研究提供了基金。但是这些名字却没有沿袭下来，虽然当时也有人按照希腊神话给这四颗卫星起了其他几个名字，却没能使用。后人提起这四颗卫星时，总是把它们称为伽利略卫星。这种称呼完全忽视了中国天文学家甘德的贡献。

没有使用的原因还在于已经形成的习惯。1892年，巴纳德发现了木星的第五颗卫星，他很坚定地将这颗卫星命名为“木卫五”，而不用其他名字。木卫十三和木卫十四的发现者科瓦尔也极力宣扬用数字命名的好处，于是这样的方法也就延续下来。木星的卫星均以编号为名，这种习惯行为渐渐占了上风，后来还获得了国际天文协会的正式批准，它表明人们对数字的强烈偏好。

这些久远的争论事件早已过去，虽然没有按照情人那种方法来为木星的卫星命名，但是人们依然喜欢把木星的卫星看作是朱庇特的情人。

给朱庇特的隐私曝光

1979年，行星际探测器飞临木星，使木星的卫星增加到16颗，它们也都按照顺序来命名。这时候人们禁不住疑惑起来，朱庇特这个风流成性的家伙究竟有多少个情人呢？观测水平的低下，使这个问题一直得不到解决。

进入新世纪，这个数字为28颗，长期以来没有什么进展。但是到了2002年5月16日，这个情况有了很大的改变，这一天，国际天文联合会宣布，又发现了11颗木星的卫星，从而使木星的卫星一举超过拥有31颗卫星的土星，达到了39颗。朱庇特的隐私在强大的新一代天文望远镜面前，开始一步步地得到了曝光。

这些新发现的卫星直径都在2~4千米，个头实在是太小了，它们是一群不规则卫星，距离木星的平均距离为2100万千米，相当于300个木星半径，处在一个非常扁圆的轨道上，而且它们还全是逆行卫星。这些卫星的发现者是夏威夷大学天文研究所的朱维特、谢波德和剑桥大学的科里纳。他们联合发现的这些新卫星，大大地丰富了人们对木星的认识，成了该年度天文学上很重要的一项成就。

随后的发现更加令人激动，2003年2月，美国夏威夷大学和剑桥大学又联合发现7颗卫星。为了不出现差错，国际天文学会3月4日才发文公布，新发现的这7颗卫星中，有2颗绕木星运行的方向与木星自转方向相同，其余5颗都是逆行。这个发现使木星的卫星总数达到47颗。但是仅隔一天，这个纪录又被打破。3月6日，国际天文学会宣布又发现一颗，人们还没有反应过来，3月7日，又有4颗卫星被发现。这样木星的卫星很快上升到52颗。仅仅过了不到一个月的时间，这个纪录又被刷新，4月6日，又发现了6颗，朱庇特的情人总数开始达到58个。但是到了6月3日，这个数字开始达到了61个。

木星家族在这一系列新发现面前，更加吸引了公众的目光，朱庇特那些隐藏的情人一个个地被摆到了大家的面前，朱庇特竟然有这么多情人，这多少让赫拉感到吃惊。

寻找木星卫星的技术

木星的这些卫星体积都很小，它们远离太阳，亮度有些达到24等，基本接近望远镜观测能力的极限。这样的亮度，要想发现它们，实在是一件不容易的事情，它们那微弱的光亮淹没在木星的光芒里。在几年前，要想取得这些新发现实在是不可能的。这些新发现得益于天文观测技术的进步。

要想观测太阳系的天体，那么首先要明确，它们都出现在黄道位置，也就是太阳和月亮在天空运行经过的路线。木星当然也要在这个大圆圈内出现，那些寻找木星卫星的大型望远镜就对准了这片星空，它们的主要目标就是木星周围的区域。

这样的望远镜都配有数字照相机，它们可以把观测的内容记录下来，拍摄的图片具有极高的分辨率，每张图片所包含的像素可以达到12K。上面是密密麻麻的亮点，每一个亮点都是一颗恒星，如果把相隔几十分钟的两张图片加以比较，发现了一个移动的亮点，那就应该引起天文学家的足够重视了，一个新的发现很可能就摆在他的面前。

这个移动的亮点可能是太阳系的小天体，如果能排除它是小行星的可能，事情就会变得简单起来，如果再能确认它没有彗尾，不是彗星，那它就一定是木星的卫星了。当然，最后还得经过其他望远镜的认证，这个过程也是最复杂的，它需要对这个新天体进行一段时间的连续观测，最主要的就是要确认它的轨道常数。这些常数就会确切地表明这个陌生天体的真实身份。

新的木星卫星都是用这种方法发现的，那些望远镜和数字照相机就像是宇宙侦探那样，毫不留情面地将朱庇特的一个又一个情人揪了出来。

它们从哪里来

朱庇特就是这样前呼后拥地被他的情人环绕着，随着数量的不断增长，人们开始疑惑，这些卫星是从哪里来的呢？对于这个问题，有多种多样的解释。

在太阳系外遥远的奥尔特云，有着难以计数的彗星，它们受到太阳的引力作用，会脱离这些团体，向太阳奔来。倘若木星正好位于它所经过的路线周围，那么木星强大的引力将会改变它们的轨道，甚至将它们俘获，从而成为木星的卫星；另一方面，即使在第一次回归时，木星不会俘获它们，经过无数次的回归后，彗星的质量会大大减小，最终的命运会有两种可能，坠入太阳或者坠入木星。

木卫三

1994年，苏梅克－列维彗星就是一个榜样，它由于太接近木星，被木星的引力撕裂成21个碎块，撞向了木星。这只是一个特例，对于绝大多数彗星残骸来说，它们的另一种命运是被木星吸引，围绕着木星运转，变成木星的卫星。

木星卫星来源还有另一种可能，那就是小行星，一些小行星的运行轨道很不规则，当它进入到木星的引力范围，就会被木星轻易地俘获，成为它的卫星。

但是很多新发现的卫星轨道不符合这些特征，木星要想凭借强大的引力俘获这些小行星是一件不容易的事。在已知的61颗卫星中，它们的轨道情况各异，逆行卫星占了多数，它们那高轨道倾角和大偏心率使天文学家认为，这些卫星是在木星年轻的时候就有的。

木星与太阳一起在太阳系星云中诞生，那个时候，木星正在从一大团气体云中诞生，它的体积硕大无比，是一团还没有凝成的稀疏气体，一些较小的天体可以穿过它那庞大的躯体。在这个过程中，小天体可能被燃烧掉，但是如果没有被燃烧的话，小天体的速度大大减小，最终被它俘获，成为木星的卫星，这就是木星俘获卫星的气体拖拽说。

其实，任何一种说法都只能解释其中的一部分，而不能解释全部。像那些规则卫星，比如四颗伽利略卫星，它们都有着规则的圆

形轨道和规则的共面性，这表明它们可能是与木星一同形成的。所以，如果从根本上来说，它们与朱庇特青梅竹马，它们才是朱庇特的原配妻子。

朱庇特有多少情人

现在，对四颗伽利略卫星的轨道及其物理状况研究得已经十分深入。木卫二之所以被甘德用肉眼发现，是因为它的体积特别大。实际上，四颗伽利略卫星都很大，它们与月球差不多，其中木卫三比水星还大，因为它们含有冰层，所以特别引人注目。人们对木星卫星的认识始于对它们的了解，但新发现的这些卫星个头完全不是这个样子。

这些卫星一般以逆行卫星居多，个头一般都只有1~5千米。夏威夷大学的谢波德认为，像这样直径大于1千米的卫星，木星可能会有100颗。

这样就产生一个问题，对于质量硕大无比的木星来说，这么小的天体也能算是木星的卫星吗？那些星际陨石也会被木星俘获，而围着木星运行，它们算不算是木星的卫星呢？还有那些细小的宇宙尘埃也可能会围绕着木星运行，这是不是也可以称为木星的卫星呢？对于这样的问题，谁都没有办法回答，它涉及木星的卫星是否有一个质量标准的问题。目前并没有这样一套标准，规定质量达到多少才可以称为一个行星的卫星。要说新发现的这些小天体不是木星的卫星，那些发现者是会生气的，因为这样也就否定了他们的成绩，他们振振有词地辩解说："就像一条小狗，你不能因为它小，就说它不是狗。”

要是按照这种标准找下去，朱庇特的情人可能根本就没有一个具体的数字。虽然朱庇特的行为不够检点，但是你不能见一个女人在他的身边，就说那是他的情人。六十多颗卫星已经够多的了，无可奈何的赫拉只有伤心的分。但使她更伤心的是，现在发现的这些卫星又太小，对于那些喜欢取名的天文学家来说，实在没有一个名字适合用她命名。看来，木星的家族里永远也没有赫拉露面的机会，她只能瞪眼看着朱庇特明目张胆地带着那些情人在天堂鬼混。而那些寻找木星卫星的侦探们，丝毫不顾忌赫拉的感受，还在继续着他们的工作，只怕有一天，他们要把那些微小的陨石也当成朱庇特的情人，继续为朱庇特编造那些并不存在的风流韵事。

如果你去问神话学家，朱庇特究竟有多少情人？他们会说：“这个风流成性的家伙，谁知道他诱拐了多少良家女子。”如果你去问天文学家，木星有多少个卫星，他们会说：“谁知道这个力大无穷的家伙俘获了多少小天体。”但是天文学家也是对这个问题最感兴趣的人，为了得到答案，他们决定派一个人去看看，派谁去呢？当然还是赫拉。在希腊神话中，她的名字叫赫拉，但是，在罗马神话中，她的名字却叫朱诺。2011年8月5日，美国宇航局发射了朱诺木星探测器，它将会去看看朱庇特究竟有多少情人。

有一点可以肯定，到2012年年底，已经发现木星有66颗卫星，朱诺到那里亲自查看，绝对会发现更多。朱诺木星探测器将在2016年到达木星，那时候，更精彩的好戏将会上演。

木星家族
一对受苦受难的兄弟卫星

木星家族的一对孪生兄弟

在太阳系的行星中，木星是当之无愧的老大。木星的卫星也很多，可以说子孙满堂，在它多达六十多颗卫星中，最引人关注的是木卫一、木卫二、木卫三以及木卫四，其中木卫三和木卫四被看作是孪生兄弟。

木卫三

从个头上来说，木卫三与木卫四大小基本相仿。从表面特征上来说，它们都具有厚厚的冰层表面，伴随着一些像河流那样的线条，那是有些融化的冰。人们认为，在它们厚厚的冰层下面，有可能会有液态的海洋。也正因为如此，人们觉得那里可能会发现生命的痕迹，试图在那里找到生命的线索，所以二者都成为太阳系的明星。

任何孪生兄弟，不管它们如何相像，总是会存在着不同的地方，对于木卫三和木卫四来说，也是这样，仔细研究还是可以发现它们有很多不同之处。

木卫三有磁场，这是太阳系其他任何卫星都不具备的，木卫三还有一个富含铁元素的核心，它的磁场就是因为铁核心产生的。但是，对木卫四来说，却不是这样，当然它也会有个核心，但是它的核心并不是那么明显，而且也不包含铁，在核心的外侧是某种具有导电能力的液体，这种液体的成分目前还不清楚。木卫四的比重表明，它的水冰和岩石成分基本上是各占一半。

木星与木卫三

木卫四

从它们围绕木星运行的方式来看，存在着不小的区别，木卫三永远以一面面对着木星，这一面永远是白天，而另一面永远是黑夜。木卫四却不是这样，它的轨道距离木星远得多，在这样的星球上面，黑夜和白天像我们地球这样分明。科学家认为，在太阳系的早期，木卫三和木卫四形成之后也就成为一对难兄难弟，它们经受了太多的苦难。

灾难来自母亲

太阳的引力是巨大的，一些天体会被吸引奔向太阳，在它们的逐日之旅中，会碰到木星这个巨无霸，木星会凭借它那庞大的引力截获奔向太阳的天体。那些拖着长长尾巴的彗星是太阳系的外来户，它们奔向太阳的时候，只要从木星身边经过，进入到木星的引力范围，就会被木星捕获，成为木星的卫星。现在发现，木星的那数目众多的小卫星其实不是木星的孩子，而是它从太阳系以外的地方收养的，它那庞大的引力足以将从它身边经过的天体捕获，让它们围绕着自己运行，成为自己的卫星，这样的机会是很多的。

但是，木星在捕获外来天体的时候，也有不幸的事情发生，那些天体不会让它正好抓住，更多的时候，由于出手不准，就会撞上木星，1994年，苏梅克彗星就撞击了木星。不仅彗星会撞上木星，在太阳系周边游弋的其他小天体，比如巨大的陨石，也常常会撞击木星。

在长达几十亿年的时间内，无数的撞击事件发生在木星身上。木卫三和木卫四，作为木星身边最大的两颗卫星，它们要为母亲分担痛苦，它们义无反顾地迎接灾难的来临，接受了外来天体一次又一次的撞击。

在这对兄弟中，因为木卫三距离木星比较近，它的个头也最大（它是太阳系最大的卫星，直径达到5260千米），这使它有更多的机会与来袭击的天体接触，它接收到的轰击要比木卫四多两倍。相比较而言，木卫四的直径是4820千米，比木卫三小，这使它与外来天体接近的机会较少，另外，木卫四距离木星要远得多，这两方面的因素都使它受到的撞击较少。

木星与彗星相撞

木星的体积是巨大的，巨大的体积并没有保护他的卫星，正好相反，它贪婪地捕获太阳系外来物质，却给它的孩子带来了巨大的灾难。

灾难留下的痕迹

在太阳系的早期，不讲交通秩序的时代，天体相撞的机会是很多的。那也是野蛮的时代，木卫三和木卫四这对难兄难弟经受了太多的苦难，这些灾难在它们的身上留下了明显的痕迹。

木卫三在重度轰击下，岩石层被砸碎了，而那些彗星也在撞击产生的高温下融化，变成了水，覆盖在这颗星球的表面，随着温度的降低，变成了坚硬的冰。伤口似乎好了，但是，刚好的伤口还要接受下一次的轰击。于是在这两颗星球上，都出现了明显的分层结构。

木卫四地壳之下50~200千米深处存在着一个咸水海洋，海洋之下，是另外一层岩石，所以这个星球具有分层结构，对于木卫三来说，也出现了这样的分层结构，而且它的分层结构更加明显。它的坚硬核心是轰击物千锤百炼的结果，这种分层结构就像是它们身上的伤疤，是它们遭受苦难最直接的证据。

木星与木卫三

但灾难也并不是没有一点好处，正是由于这样不间断的轰击，让它们收纳了更多的物质，使它们的个头成长起来。太阳系的野蛮时代过去之后，似乎兄弟俩苦难的岁月过去了，但是，事情远远不是这么简单，它们依然受到不间断的撞击。在这两颗星球的表面，都有着坑坑洼洼的痕迹，在某些地区，还有较大的陨石坑，那都是陨石撞击的结果。

今天，在太阳系边缘依然还有很多的彗星，也依然有很多不遵守交通规则的陨石，它们仍然时不时地袭击这兄弟俩。看来，这对苦难兄弟的苦难日子还没有结束。

木星的电鞭打红了木卫二的屁股

木卫二的红屁股

木卫二表面有一层厚厚的冰壳，这层冰壳极大地反射了太阳的光线，当然，也反射了木星的光芒。木卫二有多层结构，在冰层的下面，有很多的水，那是冰层下面的海洋，它几乎覆盖整个星球，在水层的下面，有一层岩石层，再下面，有一个金属核心。

木卫二的表面有着很多划痕，这些划痕看起来张牙舞爪，在某些地方，划痕纵横交错，就像是很复杂的运河渠道。木卫二上没有山川，只有很低矮的高地，仅有几个环形山，这就让那些划痕显得更加明显。

值得注意的是，这些划痕是红色的，不仅如此，在这些划痕附近，也呈现出淡淡的红色。似乎是河渠里面流淌的红色液体湿润了河岸，把这些周围的地带也染成了红色，这些红色在白色的土卫二表面上十分显眼。

但是，在木卫二上，并不是整个星球都蒙上红色，而是在它环绕木星运行的后面才有淡淡的红色，那里就是它的屁股，就像是木卫二白色的屁股上抹上的脂粉。科学家一直在关注着木卫二上面的红色，他们想知道这些红色的物质究竟是什么化学成分，最近的研究表明，木卫二上那些红色物质的主要成分是硫酸镁，这让科学家十分困惑，这些硫酸镁是从哪里来的？

木卫二自己调配脂粉

木卫二因为表面布满冰川被看成是一个寒冷的星球，但是，木卫一却跟它有着截然相反的情况，火山活动主宰了木卫一的表面，这里是一个热的世界。木卫一的表面环形山屈指可数，其表面非常年轻。火山不断地喷发，把灰尘重新覆盖在星球表面，于是，我们看到的就是一个年轻的星球。

木卫二的表面精细部分

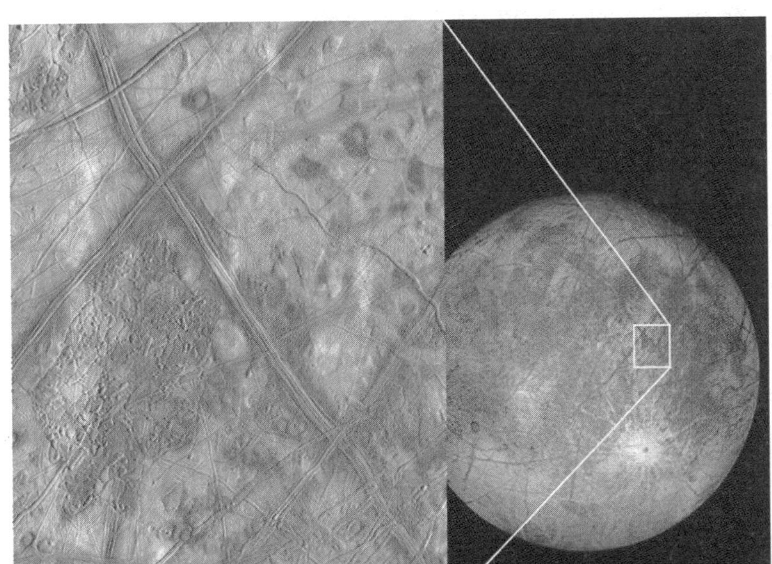

在木卫一的表面，有着极高的温度，旅行者探测器发现，木卫一的表面有不少火山，数千米深的火山口，它们在向外界喷发物质，地面流淌着长达几百千米的黏稠液体，那是火山喷发出来的硫磺。

火山喷发出来的硫磺会继续上升，进入太空，于是我们就会发现，本来不具有大气层的木卫一有了一个薄薄的大气层，它们的主要成分是钠、钾、硅、铁等物质，当然，木卫一火山喷发产生出来的硫磺是不可缺少的物质。

这些硫磺像喷泉那样喷上天空，又像下雨那样落下来，有少数硫磺会喷发到天空，进入木卫一的大气层。那是一个简单的大气层，引力极小，它们会飞到太空，弥漫在木卫一轨道周围，进入到木卫二上面，于是，木卫二就有了硫酸这种物质。

木卫二上还有镁元素，这些镁元素是它自己产生的，它们来源

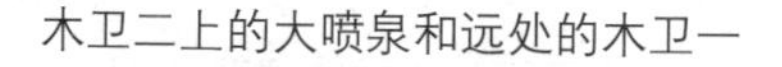
木卫二上的大喷泉和远处的木卫一

于地下的海洋，地下海水中含有镁元素，当木卫二的冰面发生断裂的时候，镁元素就会涌上来，分布在星球的断裂带附近。来自木卫一的硫酸与镁元素汇合，就诞生了硫酸镁。但是，硫酸镁并不是红色的，当它们被海水湿润之后，就遇到了其他杂质，显示出红色。于是，木卫二就自己调配出来脂粉，涂抹在自己的屁股上。

科学家想知道，那些硫酸雨是怎么来到木卫二上面的。对木星周围的空间环境研究表明，它们是通过木星的电鞭来到木卫二上面的。

木星挥舞鞭子抽打木卫二

木星最大的四颗卫星被称为伽利略卫星，分别是木卫一、木卫二、木卫三和木卫四，这四颗卫星在围绕着木星运行的时候，跑得有快有慢。木卫二始终以一面面对着木星，而另一面看不到木星。他在自己的轨道上奔跑的时候，木星就在他的左侧，他的前面是空空的轨道，如果说前半部是他的脸的话，那么后半部就是他的屁股。这是一个很倒霉的屁股，它一直在受到木星的打击，木星打击它的办法就是使用电鞭。

近几年，科学家发现，木星上是有极光的，这表明，木星有着较强的磁场，木星的磁场有着很高的强度，比地球表面磁场强得多。木星的磁场形成了木星的磁层，它会把木卫一的火山灰电离，送入其他的地方。木星的磁层很宽广，距离木星最近的四个大卫星都在磁层的范围之内。所以，那些携带着硫酸的火山灰可以很容易

地进入这四颗星球，当然也能轻易地进入到木卫二的上面。

木卫二环绕木星运行一圈的时间是85个小时，相对于木星的自转来说，这个速度太慢了，慢的结果就是木星不停地抽打他。木星自转一圈的时间短得很，它自转一圈需要的时间为9小时50分30秒，它在自转的时候，它的磁层也在随之自转。于是，木星驱动着周围空间的电离物，一次又一次地扫过木卫二，从它的后面追上木卫二。这就是木星的电鞭，木星的电鞭就携带着硫元素，打在木卫二的屁股上。

木卫二跑一圈，木星要抽它八次半。那些被电离的火山灰就会以每小时30万千米的速度轰击木卫二的后半部，而木卫二的前方和外侧，就不会受到鞭子的抽打。电鞭携带着硫元素轰击木卫二的结果就是：在木卫二环绕木星运转的轨道上，它的后半球天空就下起了硫酸雨。

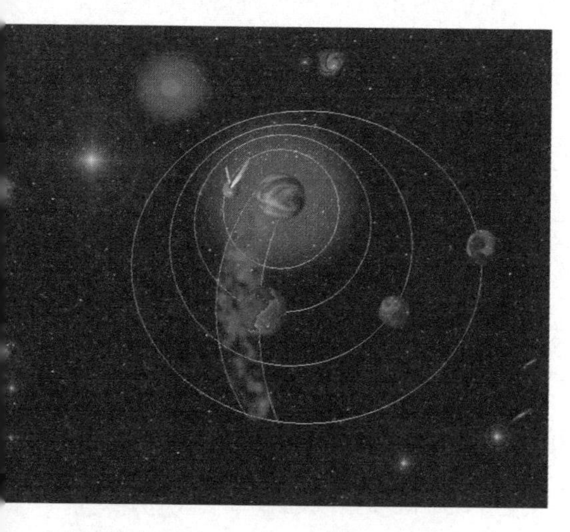
木星驱赶灰尘从后面撞击木卫二示意图

硫酸雨与木卫二地下海洋中翻滚出来的镁元素融合，就产生了硫酸镁，让木卫二有了一个红色的屁股。所以完全可以说，木星的电鞭打红了木卫二的屁股。

揭开世外桃源的面纱

遥远的世外桃源

中国晋代的文学家陶渊明曾经写过一篇脍炙人口的作品，那就是《桃花源记》，在一个叫做桃源的地方，没有战争，没有灾害，人们安居乐业地生活着，那是人们心目中最理想的王国，那里就被叫做世外桃源。世外桃源不仅存在于中国人的心目中，在外国的作品中也同样存在。但是现代的科技发展让卫星高高地在天上运行，它们完全可以告诉我们，地球上并没有这么一个世外桃源。

既然地球上不存在世外桃源，人们只能把寻找世外桃源的想法寄托在遥远的宇宙中。科幻小说《桃源星》就描写了这样一个人造天体，希望过上和谐安详日子的人们创造了一个人造天体，把桃源搬到了外太空。但这仅仅是科幻小说，我们要寻找的是真实的世界，在太阳系的泰坦星上，人们似乎找到了这种希望。

泰坦星是土星的第六个卫星，它的自然状态与我们地球刚刚形成不久时的状态十分相似，从那里寻找到生命的想法也一直统治着人们的头脑，所以人们对那里的美好幻想也一直没有停止过，只是到了最近十几年，人们才有机会对那里进行仔细的观察。

1994年，科学家利用哈勃望远镜好好观察了泰坦星，他们发现，这个星球上有一个地方非常明亮，它存在于赤道附近，大概有一个澳大利亚的面积那么大。这里似乎存在着某种有机质，在这些存在有机质的地方，会向另外一个存在有机质的地方发射出电磁波。这些电磁波让人们想到了外星人，那个明亮的区域是不是外星人存在的地方呢，那里是不是很美好呢？于是，泰坦星上这个明亮的区域有了一个富有浪漫气息的名字，它叫世外桃源。

《桃花源记》里面那个世外桃源不仅是个虚幻的世界，也是遥远时代的幻想，科幻小说中的桃源是遥远未来的幻想，科学家正在寻找的日外行星至少距离我们也有好几光年，泰坦星的世外桃源虽然在我们的太阳系，但它距离我们的地球也同样遥远。

欧洲人的大铁疙瘩

世外桃源一直让科学家十分兴奋，他们对那里的观测从来就没有停止过，不仅是哈勃望远镜观测过那里，很多望远镜都把目标对准过那里，希望从这个遥远的星球上发现一丝生命的痕迹。这却是很难办到的事情，泰坦星被一层大气包围着，我们看到的只能是一团橘黄色的大气，这个星球的一切秘密都被橘黄色的大气严密地包裹着。

但是，自适应光学系统可以透视这层大气，看到它的庐山真面目，夏威夷3.6米的光学望远镜就带有自适应光学系统。2000年8月，科学家使用这台望远镜再一次仔细地观测了泰坦星，透过泰坦星那橘黄色的大气，那个明亮的区域被再一次证实了，这一次，可以清楚地分辨出来至少有三个独立的亮点。不仅自适应光学系统可以看到那里，红外望远镜也可以透过橘黄色的云雾看到这颗星球，不同波段的红外望远镜可以揭示这个星球大气层的很多特征，但是它们依然不能告诉我们这个星球表面的很多特征。

为此，科学家再也耐不住好奇心，他们准备派遣一个探测器去

拜访这个带着橘黄色神秘面纱的星球。肩负起这个使命的就是卡西尼探测器，它还携带着一个惠更斯着陆器，这个着陆器是由欧洲航天局提供的，它要着陆在泰坦星上。2004年12月25日，欧洲人正在过着他们的圣诞节，也就是这一天，惠更斯探测器从卡西尼探测器上分离出来，踏上了奔赴泰坦星的征程。似乎从这一天开始，欧洲人就开始兴奋，但是，惠更斯带给我们的信息却并不值得我们兴奋，今天想起来，它带给我们的更多的是失望。

2005年1月15日，惠更斯探测器在泰坦星上着陆，在两个多小时的着陆过程中，它拍摄了600多张照片，这些照片需要通过运行在土星周围的卡西尼探测器发回地球。虽然卡西尼探测器忠实地执行了自己的使命，担当起二传手的角色，但是，惠更斯的工作却并不完美，它只是把其中一半的照片发回了地球，从这些照片上并不能辨明这颗星球的大致特色。不仅如此，这个着陆器落地半个小时后就偃旗息鼓了，再也不能给我们提供任何有价值的信息。它所提供的照片中，绝大多数都没啥意义，只有最后几张可以明显地看到这个神秘星球的表面，那是一些类似于岩浆之类的东西，看不清它们的本来面目，似乎是在不久以前，这里曾经发生过河流的变迁。最后一张照片是沙地和几颗圆圆的鹅卵石，这些鹅卵石似乎也证明了这里曾经发生过地质和岩浆的流动。但是，过去这里荒漠的大地上究竟流淌的是什么，惠更斯不能给我们一个明确的答案，哪怕是一个暗示。

本来，欧洲人对惠更斯抱着很大的希望，希望它能够分析降落点的物质化学成分，为了这一点，他们甚至做好了最坏的打算，即使是落到液态的海洋中，它也可以分析液体的成分。但是，现实就是这么残酷，惠更斯没能够为人们带来有意义的信息，它其实就是一个大铁疙瘩，一个落到距离我们最遥远地方的大铁疙瘩。

桃源和魔域

惠更斯没能够给我们带来有价值的信息，相反，它的母飞船卡西尼探测器，却给我们带来了更多有关泰坦星的信息。它多次飞跃泰坦星，如果说惠更斯带来的只是一个点的认识的话，那么卡西尼带给我们的就是面的认识。

卡西尼对泰坦星进行了全面的拍摄，在它的照片中，世外桃源可以看得更加清楚了。这个最明亮的地区，现出来大致的轮廓，这

是一个圆盘区。在这个区域附近，还有一个半月形的区域，那里更加明亮，这个半月形的区域就像是一个微笑的嘴巴，又像是笑弯的眉毛，于是科学家给它起了一个名字叫做微笑。微笑的长度约为560千米，跟世外桃源连接在一起，它也是明亮的，而且是整个泰坦星上最明亮的区域。一般认为，包括微笑在内的大片明亮区域地势很高，这些地区都是甲烷的冰山。在这个星球上，液态的甲烷被蒸发到空中，然后又像是下雨那样落到泰坦星的表面，当它们落到高原地区的时候，由于那里的温度很低，就变成了固态的冰，固态的冰具有更高的反光能力，因而呈现出来明亮的特征，这就是我们看到的世外桃源。

世外桃源仿佛天堂，有天堂的地方总是让人想起地狱。在泰坦星上面，也同样存在着这样的对立面，这里的地狱就是那些黑暗的地带。大片的黑暗区域被认为是海洋，这不是液态水的海洋，而是液态甲烷的海洋，这个想法一直统治着人们的思想。但是，综合最新的研究，科学家们彻底地改变了这种思想，他们开始认为，那些黑暗的地方是沙尘，就像是地球上的戈壁大沙漠。

这是一种大胆的认识，初看起来似乎不合理，因为泰坦星远离太阳，那里的阳光很少，温度很低，既然没有温度的变化，就不可能产生风力，也就不可能有沙子，但是，思考问题的方法改变一下角度的时候，风沙就有可能产生了。

当地球自转的时候，月亮要牵制它的自转，造成了潮汐力，潮汐力产生了海浪的起伏。地球受到的潮汐力不大，但是，泰坦星受到的潮汐力却是很大的。泰坦星所受到的潮汐力来源于土星，土星那巨大的质量，让泰坦星所受到的潮汐力相当于地球上的400倍。它导致大气的旋转，从而引起每秒半米速度的风力，这样的风力就会让地上的沙石飞起来，在泰坦星微小引力的束缚下，飞到很高的地方，最后聚集到赤道地带，堆积成高度达几百米的沙丘。这样的沙丘延绵不断，长达上千千米，跟地球上的沙丘没什么两样。

如果说明亮的地带是世外桃源的话，那么这些沙丘就是地狱，是生命的禁区，它们呈现出来的黑色也向我们表明了它们并不吉祥的身份。

外星人 E.T. 的脸

在一首名字叫《世外桃源》的歌曲里面唱道："绿水绕着青山转，远处也飘着炊烟，这里的山是天上的山，山上淌着欢乐的泉。这里的水是梦里的水，我的天上人间……"泰坦星上的世外桃源是不是也这么美丽呢？那里该有外星人吧？为此，惠更斯还携带了一个光盘，光盘里面刻录着地球人对他们的问

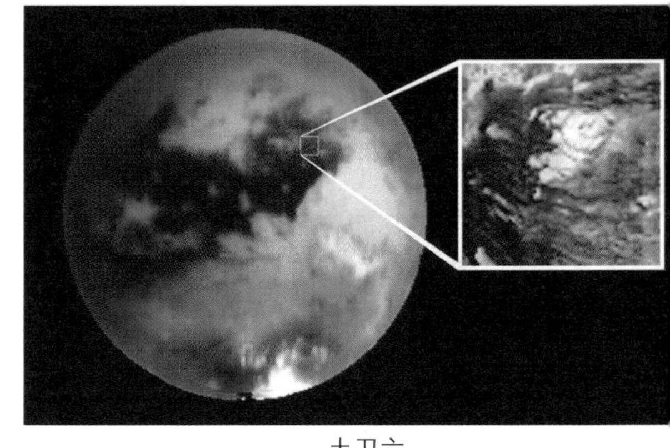

土卫六

候。巧合的是，在卡西尼探测器进入到土星轨道不久，它给泰坦星拍摄的照片中，还真的出现了一张外星人的脸，那是电影中外星人E.T.的脸。它躲在那浓密的大气层中，用一种神秘而安详的眼神注视着我们的探测器，似乎在嘲笑我们，嘲笑我们没有能力揭开这个神秘星球的面纱。

但是人们不需要灰心丧气，卡西尼号探测器还在继续工作，它源源不断地给我们带来新的信息。2013年，在泰坦星的表面，发现了海床的痕迹，它跟尼罗河差不多，也是扇形的，综合之前的研究成果，科学家认为，这确实是河流的痕迹，只不过，这里流淌的不是水，而是甲烷或者其他的碳氢化合物，不仅如此，它的空气中也凝聚着甲烷气体。

基于对泰坦星大气多年的观测数据，科学家们注意到，当季节转换时，其全球的大气环流系统对太阳光的直射位置变化做出了相应的反应。卡西尼的观测还注意到，对于季节转换，泰坦星地表温度的变化要快于这颗星球厚厚的大气层。这种大气环流模式的改变导致在其低纬度地区开始出现云层的聚集。云层中全是饱和的甲烷“水汽”，它们会变成雨水落下来，这就是甲烷雨，是它造成了河流的痕迹。

至于此前发现的黑暗地带，那可能是被甲烷雨水浸湿的痕迹。鉴于这颗星球的现状，科学家还是没有放弃以前的想法，他们说：“这里也许会形成更复杂的生命，它们的生命机理可能完全不同于我们。”

但是，情况并没有这么简单，这里也会出现水冰。科学家还发现，如果气温下降到甲烷的凝固点以下，冬天就会形成水冰，它们会漂浮在泰坦星甲烷和乙烷组成的湖泊及海洋里。这样说来，那里的生命可能更为复杂，外星人 E.T. 那张神秘的脸更加神秘，这里究竟是不是世外桃源，有没有生命？指望卡西尼探测器不靠谱，还需要我们啥时候亲自跑过去看看。

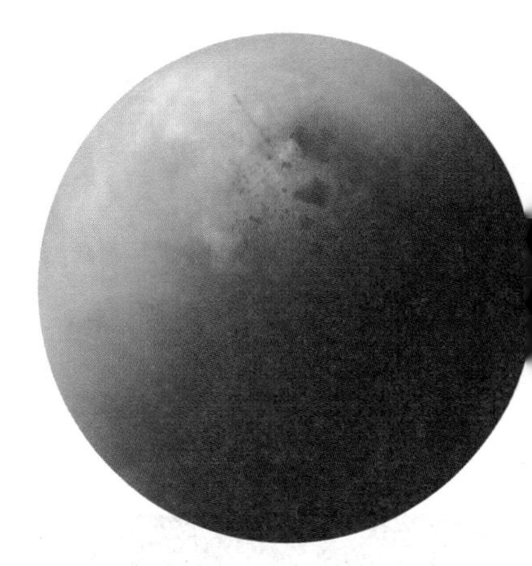

土卫六

土卫二大翻身

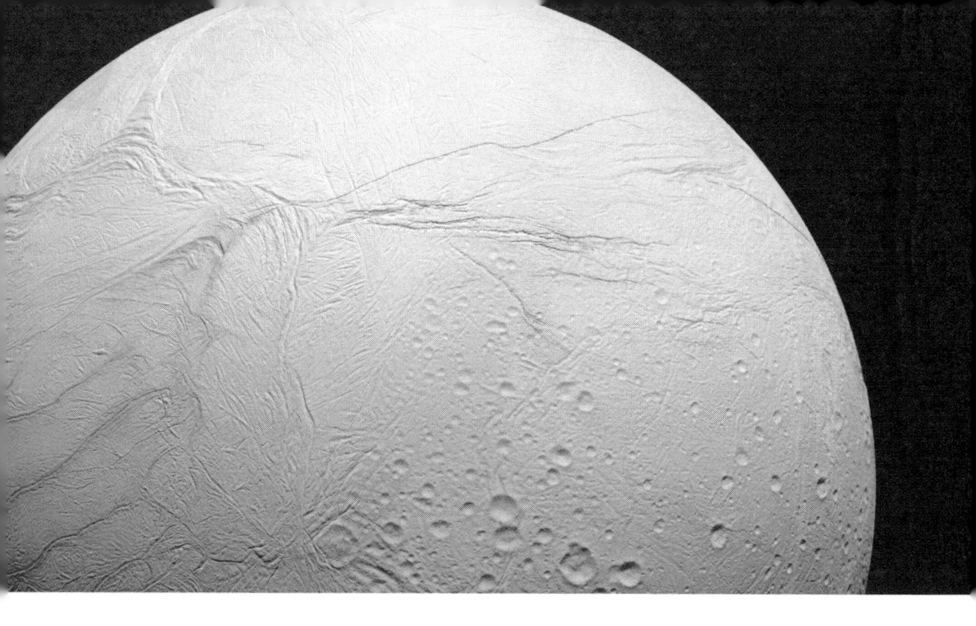

2004年7月1日，正是炎热的夏天，飞往土星的探测器卡西尼开始进入到土星轨道，这是它长达七年之旅的结束，也是对土卫家族探测的开始，它的主要目标是要探测土星的第六颗卫星——土卫六。卡西尼的探测结果表明，土卫六上并没有什么让科学家感兴趣的东西，但卡西尼来到这里却给我们带来了意外的信息，这些意外的信息表明，土星的第二颗卫星，也就是土卫六的兄弟——土卫二，是一个相当不简单的星球，这颗星球上有生命存在的基本条件。这让土卫二这个原先一直默默无闻的卫星，突然之间吸引了科学家的眼光，在太阳系众多的卫星中一举成名，它的地位也随之来了一个大翻身。

土卫二的大喷泉

卡西尼在众多卫星之间穿梭的时候，给土卫二拍摄了一组图片，土卫二成为一个弯弯的娥眉月，就在这轮娥眉月的表面，一个突起物冲上黑暗的天空，它就是一个大喷泉，把土卫二上的物质向外界喷射，这个大喷泉高达500多千米，这样的高度几乎跟土卫二的直径相当。

这个遥远的星球上会有一个这么大的喷泉，真是让人感到不可思议。但是现实明摆着，研究其他照片的结果显示，这个大喷泉确实存在。当然，这个大喷泉喷出来的并不是简单的水，而是冰水混合物。可以预计的是，当这个喷泉刚从土卫二的表面喷出来的时候是液态的水，或者是水蒸气，当它们飞到高高的太空之后，自然就变成了冰粒。虽然我们看到的是冰粒，但在这个星球的表面，喷出来的却是水蒸气或者是液态水。土卫二上的大喷泉清楚明白地告诉我们，这是一个存在液态水的星球。

土卫二的大气层

大个子力气大，小个子力气小，这个道理在宇宙中也同样有效，像地球和火星等太阳系的大天体，很多都具有大气层，因为它们的个头那么大，有足够的引力，可以把大气层吸引住，让它们环绕在自己的身边。这方面土卫二就差得远了，土卫二的直径只有500千米，跟地球那12000多千米的庞大身躯比起来，实在是太微不足道，这么小的体积理所当然不会有大气层。

但是，卡西尼的探测却表明，土卫二有大气层，这一点让科学家再一次感到兴奋。其实这也没有什么值得惊奇的，追究土卫二大气层的来源，还要谈到大喷泉，喷泉产生出来的水汽和冰粒弥漫在土卫二的上空，随着土卫二的自转，就会弥漫全球，让这个星球有一个大气层。

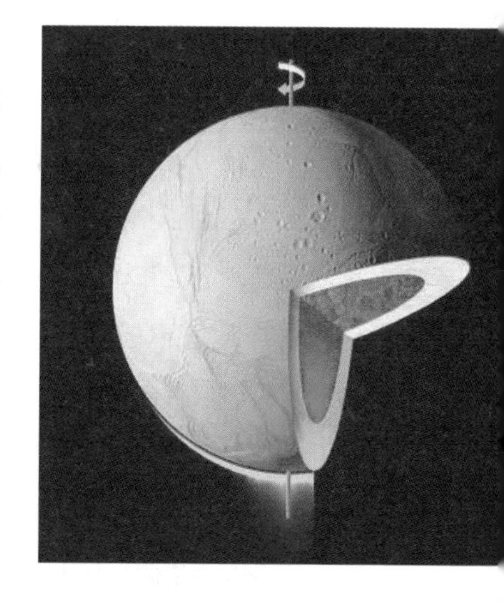

这个大气层当然很稀薄，组成成分都是水汽，这也给土卫二的天气带来了神奇的景观。在这里，不会下雨，也不会下雪，在这里只会下冰雹，或者直接下冰粒，这些冰粒就是大喷泉的水汽冷却形成的，它们从土卫二的表面上到天空旅行一圈，最后还是落回土卫二的表面。

土卫二的大气层除了落到地面之外，也会向上扩散，进入到土星的光环，成为光环的一部分。但不需要担心它们会消失，因为喷泉还会源源不断地向上空输送水汽和冰粒，所以这个大气层虽然不是跟土卫二一起形成的，但它依然可以长久存在。

土卫二跟我们开玩笑

土卫二有大喷泉，这非常明显地告诉我们，土卫二还有合适的温度，它的温度来源于它的地热资源，在较为浅薄的地层下面，那里的地热资源常常会喷发，把过盛的热量带到地表。

按照现有的科学常识，一个星球要想形成生命，那么它就需要有合适的温度，需要有液态水，还要有大气层，科学家也一直按照这样的标准去寻找适合生命存在的星球。他们把目光投向了火星，

但是火星上目前还没有发现液态水；他们也把目光投向了木星那冰冷的三颗卫星，但是那里既没有合适的温度，也没有大气层。而从来不受关注的土卫二居然同时满足了这三个条件。看着土卫二的照片，人们感到了格外的兴奋，似乎外星生命就要出现在我们的面前。但是，土卫二却跟我们开了一个玩笑。

它有大气层，但是它的大气层是那么稀薄，而且不能支持生命的呼吸。它有合适的温度，但是这个合适的温度可能只存在地热资源附近，这个星球上更多的地方还是一片冰冻的景象。它有液态水，但是液态水可能仅仅存在于它的地下，而且也可能是炽热的水，不能够让生命在其中存活。

土卫二完全具备了科学家需要的三个条件，但这三个条件却又跟我们的要求存在着那么大的差距。土卫二，这个最符合要求的卫星跟我们开了一个大大的玩笑。

整个星球翻跟头

尽管土卫二跟我们开了一个玩笑，但毫无疑问的是，土卫二从此也成为太阳系的明星天体，它开始与存在水的木卫二、木卫三和木卫四三兄弟平起平坐，让它在太阳系的地位来了一个大翻身。

如果认为土卫二的翻身仅仅是地位的改变，那是不正确的，通过研究土卫二的地质结构，科学家得出结论，它真的翻过一次身，土卫二整个星球曾经翻过一个大跟头。

在土卫二的表面，有些地区看起来是白茫茫的一片，那是冰川，在没有冰川的地方是陆地。冰川和陆地这两种物质的密度是不一样的，所以它们的质量也是不一样的，背负着它们，让土卫二在自转的时候感到不自在，就像是喝醉了的酒鬼走路的时候感到头重脚轻那样。但是土卫二却不能像酒鬼那样躺下来休息一会儿，它那圆圆的身子不允许躺下来，土卫二只能永远地自转，在自转的时候为了维持平衡，它会重新选择自转轴，于是，它就翻了一个跟头。

翻过这个跟头之后，质量大的陆地就转移到了新的赤道地带，也只有把最重的物质放到赤道上，它才能感到稳定。与此同时，最轻的冰川物质也被它转移到了南极地区，经过这样一番重新安排，土卫二才能重新轻松自在地向前跑。

土卫二的表面是一片白茫茫的荒凉景象，在靠近南极的地方，可以看到一些河流的痕迹，就像是老虎的爪子抓过的痕迹，被称为虎爪痕，在虎爪痕的南边就是土卫二的南极，大喷泉就在这里，这

只是我们今天看到的局面。在过去的某个时间之前，这里并不是这个样子，虎爪痕并不在南半球，大喷泉也同样不在南极，北半部的几个环形山却在原来的南极，是土卫二翻了一个跟头才造成了今天的局面。

我们见过人翻跟头，也见过动物翻跟头，像这样整个星球翻跟头真是让人叹为观止。平衡是短暂的，土卫二的冰川并不是都在陆地上，在那些陆地的下面也有冰川，这些地下的冰川是很不稳定的，它们会发生流动，它们的流动会让土卫二再次感到不舒服，它只有再翻一次跟头才能平衡。所以，对于土卫二来说，翻跟头可能是家常便饭。

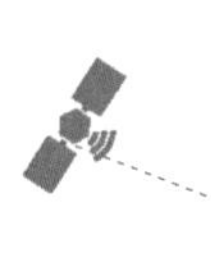

土卫八阴阳脸之谜

土卫八有张阴阳脸

土星是太阳系的第二大行星，它带着六十多颗卫星。在这些卫星中，土卫六是土星最大的卫星，因为有存在生命的希望而名气很大，土卫二也因为有存在生命的希望而新近崛起。跟这两颗卫星比起来，土卫八就没有那么幸运的天然条件，但是，土卫八却有着太阳系最神秘的特征，它的一面黑暗，而另一面十分明亮——土卫八是个阴阳脸。

1671年10月，卡西尼在观测土星的时候，在土星的西侧发现了土卫八，还没等他细细地欣赏这一新发现，土卫八就不见了，它运转到了土星的背后。卡西尼想，等到它运行到土星的东侧，我就会再次看到它了。但是，很不幸，等到土卫八运行到土星东侧的时候，卡西尼却无论如何也找不到土卫八。在此后的两年多的时间内，卡西尼总是无法在土星的东侧看到土卫八，却能在土星的西侧看到它。究竟是为什么，土卫八不出现在土星的东侧呢？卡西尼就

是想不明白。

十几年之后，卡西尼得到了更好的望远镜，他终于在土星的东侧发现了土卫八。他发现，这时候的土卫八暗淡了很多。为什么土卫八在土星的东侧就要暗淡一些呢？卡西尼认为，当土卫八在土星的东侧出现的时候，向我们展示的是它的另一面，这一面的反光率太低了，另一面却很明亮。

卡西尼的结论是正确的，确实是这样，土卫八的一面明亮，另一面暗淡，而且这种明暗的对比十分鲜明，它是一个十分鲜明的阴阳脸。

黑白分明是自然的色彩

土卫八如此怪异的面目实在是令人感到好奇，许多人都想为这种情况找到原因。有人认为，明亮的一面是因为它在反射阳光，而暗淡的一面是因为阳光照射不到的原因。但是这种说法是不成立的，现在人们知道，土卫八的阴阳脸并不是简单的反光原因，而是这种明暗的对比在这个星球上确实存在，这种泾渭分明的黑白是一种自然的颜色。

土卫八黑半球在赤道地带延伸到白半球

土卫八在自己的轨道上围绕着土星运行，就像是一个人在固定的跑道上向前奔跑，那些白色的物质正好在它的身

土卫八上的精细结构

后，而那些黑暗的物质恰恰在它的前面，就像是奔跑的时候，前面的灰尘蒙在了它的身上。

灰尘来自于土卫八的兄弟——土卫九，土卫九会散发出很多黑暗的尘埃。还有，太空中的彗星也会散发出灰尘，弥漫在土星轨道周围。当然，更重要的是，它这样向前跑，更容易撞上陨石。所以，土卫八上那暗淡的物质或者是灰尘的印记，或者是伤痕的印记，都是外来天体强加给它的。

长期以来，黑色物质外来这种说法很受人们的重视，土星超级光环的发现更支持这种说法。

2009年8月，人们发现，在土星的身边，有一个巨大的光环，它的大小远远超越了人们对土星光环的传统认识。该光环的直径相当于300倍土星的直径，可容纳10亿个地球。当然土卫八也在这个光环之中，而且，光环的旋转方向也与土卫八的旋转方向相反，所以，光环里面的尘埃和碎屑很容易蒙到土卫八的脸上。

土卫八的黑脸是外来物质给它染上的颜色，那么土卫八的白脸部分又是什么呢？土卫八上那些白色的物质是水冰。这个星球上极为寒冷，那些水被冰冻，呈现出冰的状态，具有极强的反射能力。新的研究还表明，在土卫八上，这些水冰物质会发生迁移，就像是云那样搬迁到另一块地区降落下来，但是，不管怎么样，它们总是覆盖在白半球上。

土卫八是矮胖子

最早发现土卫八的卡西尼是位意大利出生的天文学家，他不仅发现了土卫八，还发现了土星的另外三颗卫星，而且对土星环也有

土卫八上看土星

研究。为了纪念这位科学家，有关土星的很多方面都以他的名字来命名，比如土星光环的卡西尼环缝，土卫八的阴暗面也被称为卡西尼区。当然，要是发射一个探测器专门研究土星家族的话，那么这个探测器理所当然也该叫作卡西尼探测器。

卡西尼探测器已经在土星附近徘徊了好几年，借助卡西尼探测器提供的新鲜资料，人们得以重新认识这个星球的面貌。

确切地说，土卫八并不是一个圆球，它就像是南瓜那样，两极地区较为低矮，而赤道地区相对来说地势太高了。不仅如此，它的赤道地带还有一个极大的特点，那就是这里有一条高高的山脉，就像是条裤腰带一样，几乎围绕着这个星球一周。这使得整个星球就像是个矮胖子那样，有着粗大的腰身，个子却很矮。

之所以会长成这个怪模样，完全是因为它的自转太快造成的，土卫八上的一年没有365天那么长，那里的一年只有地球上的79.33天。

科学家认为，土卫八在刚刚出生的时候，有着很高的热量，它的整个身体也不是那么坚硬，但是，由于它旋转的速度太快，让他变成了矮胖子，以后温度下降了，整个星球凝固下来，这种矮胖子体形就被保存下来。

高速自转让它拥有了矮胖子身材，它的阴阳脸，也是那个时候形成的。至于它为何有这副阴阳脸面孔，目前还没有人提出让每个人都信服的说法。

在地狱里跳贴面舞的情侣

除了水星和金星之外，太阳系的所有行星都有卫星，卫星围绕着行星运转，就像是在跳交谊舞，这一点谁都知道，这是宇宙的规律。但是，在这种交谊舞中，还有一种很特别的，却是人们很少知道的，那就是冥王星和它的卫星，冥王星和它的卫星跳的交谊舞非常亲密，它们跳的是贴面舞。

地狱里的情侣

1930年1月，在洛韦尔天文台里，汤博正在验看一些图片，图片上密密麻麻都是黑点，这就是望远镜拍摄出来的天文底片。汤博的努力没有白费，通过比较几张图片，他发现了一个移动的亮点，这就是冥王星。

冥王星一经发现，就获得了太阳系第九大行星的美名。它距离太阳有45个天文单位，实在太远了，那是一个阴冷、黑暗、充满着未知的神秘世界，被人们称作是地狱，也就是中国传说中的冥

冥王星和他的卫星卡戎被联合的大气层包围着

界，冥王星就是那个地方的统治者。

1978年7月，另一个人也在研究天文底片，他就是美国海军天文台的克星里斯蒂，他不是在试图发现什么新的大行星，他在对冥王星的照片感到奇怪。他发现，冥王星上似乎是起了一个疙瘩，他不知道这是咋回事，于是他把1970年以来所有的冥王星照片统统找出来研究，最后得出结论，这个隆起物是冥王星的卫星，也就是冥卫一。既然它也在地狱里，那么它的名字当然也有特色，它被命名为“卡戎”。在希腊神话中，卡戎是一位摆渡的艄公，如果谁死了，他就会把死者的尸体送过冥河，进入冥界。

卡戎的出现，让人们知道了，原来冥王星并不孤独，它还有一个情侣，这对情侣一起驻扎在太阳系最遥远、最阴冷的地狱边界。

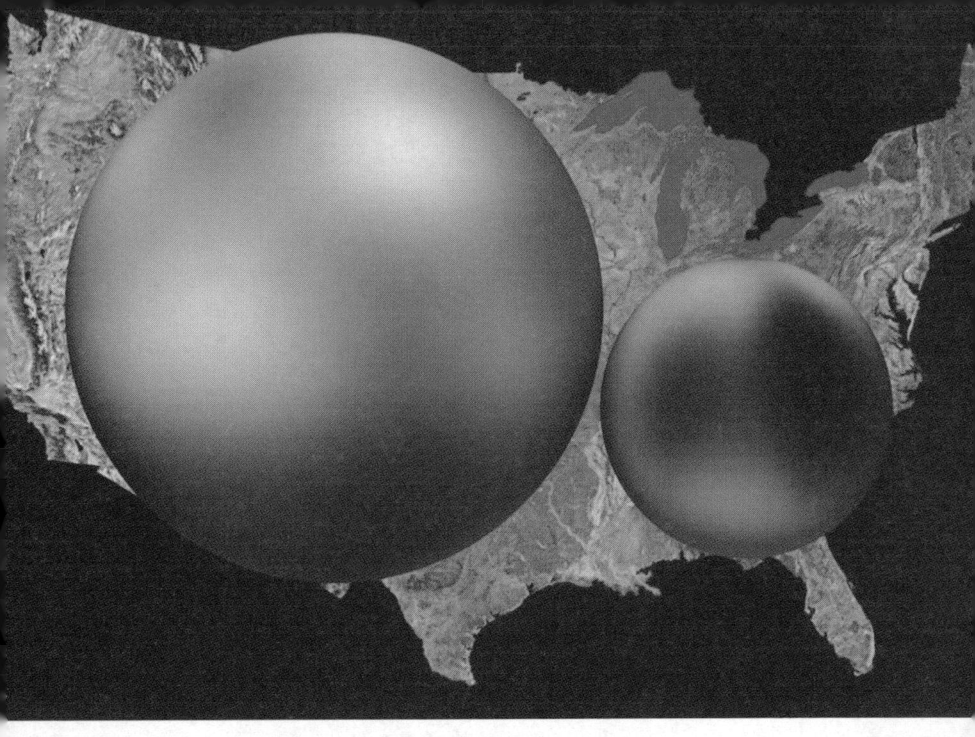

冥王星和卫星与美国的地图相比较

跳贴面舞的情侣

冥王星的直径是2600千米，而冥卫一的直径为1200千米，它们之间的体积、质量相差较小，远不如其他行星和其卫星那样相差较大，因而被看作是太阳系中的孪生兄弟，有的天文学家常把它们叫做“双行星”，其实这两种说法都不太合适，因为它们之间的关系更像是一对亲密的情侣。

按照宇宙的规则，质量小的天体必然要围绕着质量大的运行，冥王星和卡戎当然也遵守这样的规则，卡戎围绕着冥王星运行，这种运行的关系就像是跳舞一样。不知道从什么时候开始的，它们就是这样不停地跳着交谊舞。如果仅仅是一般地跳舞，那也没有什么值得奇怪的，但是，这对情侣的行为有点出格，它们太亲密了，它们跳的是贴面舞。

当我们仰望月球的时候，就会发现，我们所能看到的只是月球的一面，至于月球的侧面，根本没法看到，当然我们更无法看到月球的另一面。之所以出现这种局面，是因为月球的自转周期和它围绕地球公转的周期是一样的。

当我们的视野从地球上转到太空的时候，再来看一看地球和月球的关系，就会发现，月球在环绕地球运行的时候总是以一面对着地球，这个样子充满了热情。但是，这种热情只是一厢情愿，地球对它就不理不睬，时而脸对着它，时而屁股对着它。造成这种情况的原因是地球的自转跟月球的自转不一致。那么如果地球和月球的自转也一致，那会怎样呢？很简单，那将会出现两情相悦的爱情，在冥王星和卡戎之间就演绎着这样的爱情故事。

卡戎的自转和它围绕着冥王星公转的周期都是6.3867天，而且，冥王星的自转周期也是6.3867天。这三个数据的一致使它们的交谊舞十分奇特，双方在跳舞的时候，都在深情地凝视着对方，所以它们跳的是贴面舞。冥王星和卡戎之间跳的这种贴面舞并不是一种巧合，按照天体力学的说法，这样的系统，它们之间的关系才最稳定，这种最稳定的关系表明了它们对爱情的忠贞，它们在跳贴面舞的同时，也把浪漫的故事带给了这两颗星球上的人们。

一个站在冥王星上的人，他看不到“月亮”东升西落的景象，他看到的“月亮”永远高挂在天上，充满着浪漫的情趣。月亮的圆缺带给情侣的是分别和重逢的感叹，可是这里的情侣们不必有这种

感叹，他们可以永远地享受这轮圆月带来的浪漫。

但是，对于这个星球另一面的人来说，就很不幸了，因为他永远也看不到“月亮”，到了夜里，他看到的只是满天的星斗，他可能还不知道这个冥王星有一个“月亮”。冥王星上的人看到的景象同样也会出现在卡戎上面，一个站在卡戎上的人也永远看不到冥王星的另一面，他所能看到的只是一个巨大的行星在天上，挡住了半个天空，至于冥王星的另一面是什么样子，对他来说，这只能是一个永远的谜团。

带着遮丑面纱的情侣

在舞厅里，跳贴面舞是不文明的举动，可是在那遥远的地狱里，却没有人能管得着它们。尽管如此，它们还是感到了不合适，为此，它们共同制造了一个面纱，这是一个遮丑的面纱，把他们不文明的行为遮挡了起来。

冥王星的表面是极其寒冷的，那里覆盖着冰冻的甲烷和氮，还有水冰。这里的大气压力也很低，这使冰冻的物质很容易挥发，升腾到空中，然后混合在一起，给荒凉的冥王星制造出来一个大气层。这个大气层是1988年被发现的。那时候，冥王星遮掩住了一颗明亮的恒星，天文学家们巧妙地抓住这个难得的机会，发现了这个大气层。

这个大气层是很不稳定的，冥王星太小了，所以它产生的引力也很弱，根本“抓”不住它的外层大气，以至于这些气体总是向外层空间逃跑，逃跑到距离冥王星很远的地方。作为冥王星忠贞的伴侣，卡戎是不能坐视不管的，它们又合力把这些大气拉了回来。所以，当我们用最大的望远镜看上去，就好像冥王星和卡戎共同拥有一个大气层。

跳贴面舞当然不是光明正大的事情，这层共有的大气把它们的行为遮挡起来，就像是它们的遮羞布。

还有第三者和第四者

在这寒冷的地狱里，仅仅是一对情侣，跳着贴面舞，也不需要带着遮丑的面纱，不需要顾忌被人看到。但是现在发现，在这里，并不是荒无人烟，冥王星似乎还有另外两个情人，他们在附近偷窥着这对情侣的一举一动。

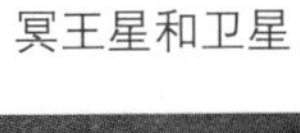
冥王星和卫星

2005年5月15日，哈勃望远镜给这对情侣拍摄了照片，在这张照片上，空间望远镜科学研究所的马克斯·穆切勒发现了两个可疑的亮点。三天后，哈勃再一次把视线转向了这里，这两个亮点依然存在。马克斯·穆切勒立刻想起了以前的照片，当他找到2002年6月14日的照片的时候，他发现，那时候这两个可疑的亮点就存在了。于是，在2005年11月，他和他的同事们宣布：冥王星还有另外两颗卫星，这两个卫星质量较小，距离冥王星的轨道也太远，被观测到的时候，距离冥王星大约44000千米，相当于冥王星到卡戎距离的两到三倍。科学家还判断出，这两个卫星环绕冥王星运行的时候是逆行轨道。紧接着，这两颗卫星得到了临时的编号，S/2005 P1和S/2005 P2。

它们就是冥王星的另外两个情人，也就是第三者和第四者，它们在远处看着这对跳贴面舞的情侣。这似乎有点滑稽，是不是情人关系法官无法判断，科学家也就遇到了相同的难题，至今无法判断它们是不是冥王星的新卫星，它们会不会对地狱里面跳贴面舞的情侣产生威胁，也就无法说得清楚。

也许正是因为这两个身份不明者的存在，才让冥王星和卡戎这对情侣在跳贴面舞的时候不能尽兴，还羞答答地戴着遮丑的面纱。

新视野拜访这对情侣

冥王星离我们太远了，一切有关那里的信息，基本上都来源于大型天文望远镜，其中有哈勃望远镜和凯克望远镜，要想得到更

新视野

多的信息，就只能派遣一个探测器前去拜访它们，这个探测器就是“新视野”。

在飞行的途中，新视野一直处于昏睡状态，当它要到达冥王星的前一年，它被唤醒，这时候，它就开始对这对地狱中的舞伴展开探测。刚开始的时候，它依然不能看到面纱背后的真相，当距离这对舞伴只有16万千米的时候，它将要进行光谱测量，检验它们的面纱是用什么材料制作的，那里面包含着什么化学元素。这时候，它也可以找到明确的资料，判断出这对情侣之外是不是还有第三者和第四者，

我们也就可以知道冥王星是不是还有另外两颗卫星。

当它冲入面纱之后，就可以彻底看到这对情侣的真容，看看它们是否长得漂亮，看看它们的地形起伏变化。当然新视野不会忘记最重要的事情，那就是给这对情侣拍摄一幅最好的合影照片。新视野还携带着地球上千千万万人的签名，这些签名表达了人们对地狱情侣的问候，新视野会把这些问候传达给这对正在跳着贴面舞的情侣。

太阳系边疆的冰鸡蛋

两个女神与冥王星的争夺战

1930年1月，在洛韦尔天文台里，汤博正在验看一些图片，通过比较几张图片，他发现了一个移动的亮点，这就是冥王星，当时认为冥王星的质量很大，所以它迅速地坐上了第九大行星的宝座。从此，冥王星在第九大行星的宝座上坐了60多年，1992年的时候，这种情况发生了改变，人们发现了柯伊伯带天体。

这是一大批天体，就跟太阳系的小行星一样，在环绕太阳的轨道上运行，它们数量众多，没有自己独立的轨道，因为个头较小，引力也较小，不能把自己轨道周围的其他天体赶走，或者把它们吸引过来成为自己的一部分。冥王星其实跟它们一样，于是，冥王星的真实身份受到了人们的怀疑，它的第九大行星的地位也开始动摇了，但是，真正让冥王星的统治地位发生改变的是两个女神。

2003年11月14日，美国天文学家布朗用望远镜发现了一颗新天体，这个新天体在太阳系的边缘，沿着一条高椭圆的轨道环绕太

阳运行，绕行太阳一圈需要10500年的时间。它比冥王星到太阳的距离还远30亿千米，它的表面是太阳系最寒冷的地方，这使给它起名字的科学家想到了地球上寒冷的北极，想到了那里的因纽特人。在因纽特人的神话传说中创造生命的女神叫做塞德娜，于是，塞德娜就成了这颗新天体的名字。

一个是创造生命的女神，一个是掌管死亡的冥王，这种对立关系注定了塞德娜和冥王星之间要进行一场战斗。赛德娜的直径在1288千米至1771千米之间，大小约为冥王星的四分之三。这让人们想起了一直在寻找的太阳系第十大行星。如果冥王星能坐在第九把交椅上，那么毫无疑问，赛德娜应该坐在第十把交椅上。

赛德娜女神不甘心在这寒冷的太阳系边疆无条件地接受冥王的统治，但是它的挑战并没有最后的结果。这个时候，另一位更加强大的女神出场了，它来帮助赛德娜反抗冥王的统治。

2005年7月，美国天文学家布朗宣布，他发现了一个冥王星以外的天体，距离太阳有160亿千米，这立刻引起了人们的高度兴趣。让人们感兴趣的是，它的直径比冥王星还要大，冥王星的直径是2370千米，可是这颗天体的直径达到了2500千米，比冥王星还大100多千米，人们给它起了名字叫做奇娜，她因一点小事就怒气冲冲地骂人，现在被命名为阋神星，阋读作细，也就是骂人的意思。这位骂女神自然不会甘当冥王的子民，它也试图得到第十大行星的宝座。

最后的结果是，两位女神都没能坐上第十大行星的宝座，但是，它们把冥王星拉下了第九大行星的宝座，2006年8月24日，国际天文联合会正式向外界宣布，设立一个新的行星标准，这就是矮行星，矮行星介于大行星和小行星之间。冥王星、赛德娜和阋神星都属于矮行星家族的成员，从此两位女神与冥王星开始平起平坐。

亮度的周期变化引出冰鸡蛋

当矮行星这个标准被确定的时候，进入这个家族行列的不仅有几颗柯伊伯带天体，还有位于小行星带的谷神星，它是小行星带唯一的入选者，可以肯定，将来也不会有第二颗小行星带的行星入选，将来的矮行星成员都会出自柯伊伯带。

2004年，一颗大型柯伊伯带天体被美国天文学家发现了，2008年9月17日，国际天文联合会正式确认它是一颗矮行星，并且给它命名为妊神星，妊神星是第五颗矮行星。妊神星发现之初，它的一些奇特性质让天文学家好生烦恼，妊神星就像是一颗周期变星，它的亮度一会高一会儿低，亮度会改变25%，亮度变化的周期接近两个小时。

这一奇特的特征让人想起了变星，有些恒星是变星，也就是两颗恒星在一起相互围绕着对方运行，当一个遮挡住了另一个的时候，就会引起亮度的改变。但是妊神星不是太阳系以外的恒星，它是一颗柯伊伯带天体，它不该具有这种亮度周期改变的特征。

柯伊伯带天体通常都包含着很多冰的成分，于是科学家们意识到，可能是这颗天体上的某一处反光能力特别强，可能那里是冰川，当它运转一圈的时候，冰川就会出现，冰川反射了太阳的光芒，才造成两个小时亮度增加25%。

如果是这样，真让天文学家吓一跳，这不是告诉我们，这颗天体每两小时就自转一圈吗？太阳系的天体哪有自转这么快的？如果自转这么快，这颗天体将会崩溃，就不可能存在。

天文学家改变了思路，是不是这颗星球上有两处冰川，它们均匀地分布在两个地方，每隔二个小时就转出来一次？事实也不是这样，他们发现，这个星球上的冰川特别多，几乎覆盖了整个星球，可以肯定，这个星球上没有大气层，那么就不会有雨雪的变化循环，这个星球上的表面仅仅是冰川，而不包含雪的成分。

既然妊神星上到处是冰川，那么就很好解释了，这是一颗椭圆形的星球，当它的长轴对着我们的时候，反光能力就强了，它的亮度就会加强，反之，短轴对着我们的时候，反光能力减小，亮度也就降低。

终于，科学家得出结论，妊神星是鸡蛋型的，每四个小时自转一圈，亮度增加两次才能表明它自转了一圈。现在知道，这个鸡蛋的长轴有1960多千米，短轴要远远小于这个数据，大概是996千米。

妊神星是椭圆形的，这并不奇怪，有很多星球都不是正圆形的，就连地球都不是正圆形的。当一颗星球的直径大于400千米的时候，自身的引力会把它打造出圆形。妊神星的直径大于这个数据，但是，它却不是圆的，它是目前知道的唯一的鸡蛋型的星球。小鸡就是由鸡蛋孵出来的，作为生育女神，妊神星也是鸡蛋的外形。

妊神星这种鸡蛋形的外形，完全是因为它的高速自转。妊神星的自转非常快速，不到四个小时就自转一圈，也就是说，这里的一天还不到四个小时。这么快速的自转，自然要把表面的物质向外界抛射，但是本身的引力却还是要把这些冰留住，于是，要想让二者平衡的最后结果就是，整个星球成为一个鼓起的鸡蛋形。

妊神星不仅外形是鸡蛋形的，它的轨道也是鸡蛋形的，它在太阳系的边疆围绕着太阳运转，每隔283年才能围绕太阳运行一圈，轨道跟冥王星一样，是椭圆的。距离太阳最远的时候有51个天文单位，距离太阳最近的时候有34个天文单位，这比冥王星距离太阳还近。这种轨道具有柯伊伯带天体的典型特征。

妊神星和她的两个孩子

似乎很悲哀，妊神星在太阳系的边缘是那么孤独，其实并不是这样，妊神星并不孤独。妊神星有两颗小卫星，这两颗小卫星是2005年被发现的，分别使用生育之神的两个女儿的名字来命名，但是作为国际通用标准，还是把它们称为妊卫一和妊卫二。作为它的女儿，也跟它保持着同样的基因，那就是这两颗卫星也是被冰雪覆盖的世界。

妊卫一是大女儿，作为大女儿，妊卫一距离妊神星比较远，直径310千米。妊卫二在内侧，距离妊神星比较近，是它的小女儿，质量只能达到老大的十分之一。但是它们的轨道却有很大的区别，老大的轨道是正圆形的，老二的轨道则是椭圆形的，也跟鸡蛋差不多。妊卫二的轨道是鸡蛋形的，妊神星的轨道也是鸡蛋形的，这真是女效其母。

老大的轨道是正圆形的，老二的轨道却是椭圆形的，这意味着老大和老二的轨道可以相互交叉，那么它们俩会相互撞击吗？不会的，它们的母亲早已安排好了这一切，它们的轨道并不在一个平面上，就像是两张纸交叉在一起那样，它们分别属于两个平面，所以相互之间没有交叉，不会发生碰撞。这么看来，这是一个合格的母亲，它不仅生育了这对女儿，还安排好了它们彼此的活动范围，让它们不至于发生冲突。

在其他的活动中，冰鸡蛋母亲也作了很合理的安排，老大因为距离远，围绕妊神星运转一圈是49天，老二因为距离近，围绕妊神星运转一圈是18天。

就像是月球引起地球上的海潮那样，卫星也会把妊神星上的冰外壳向外拉，会让妊神星的表面发生鼓起，所以，除了高速自转，卫星的引力也是造成妊神星像鸡蛋的原因。

现在已经认为，妊神星有岩石的核心，但是岩石的成分是多少，目前还不清楚，所以也就无法知道妊神星的质量，也无法知道两颗小卫星的质量。但是还是有一些方法帮助科学家研究它们这个三口之家。据估算，这个三口之家的总体质量大概是冥王星家族的32%。

谁是妊神星的发现者

美国的迈克·布朗领导着加州理工学院团队，这是柯伊伯天体发现的先行者，很多矮行星都是他们发现的，包括创神星、塞德娜和阋神星，他们拍摄了很多太阳系黄道带的照片，仔细研究这些照片，就可以找到新的柯伊伯天体，这是他们成为专业户的必备条件。

2004年12月，布朗在研究几个月前拍摄的星空照片，他发现了妊神星，可是他并没有向国际天文联合会报告，他想做进一步的研究。2005年7月20日，他在互联网上写了一篇观察日志，准备等到9月份在一次会议上宣布这一发现。但是，仅仅是七天之后，西班牙的一个研究团体在7月27日晚向国际天文联合会报告，他们发现了妊神星。他们也有原始依据，他们拿出了2003年3月7日至10

日的一系列照片，证明那时候就拍摄到了妊神星。

本来是布朗的发现，却让西班牙团体捷足先登，布朗极为恼火。布朗指出，西班牙团体在宣布发现前一天，曾经访问过他的观察日志，他的观察日志中包含有足够的内容，让西班牙团体可以从以前的照片中找到妊神星，第二天，西班牙团体的奥尔蒂斯正好轮到望远镜的使用时间，这就给他们的观测提供了条件，他们在观测了妊神星之后，当晚还再一次上网访问了布朗的观察日志，然后才向国际天文联合会报告。

但是，西班牙团体的奥尔蒂斯否定了布朗的指控，他说他去看布朗的观测日志仅仅是为了验证自己的发现。于是，谁是妊神星的发现者就成为一个扯不清的问题。

作为国际天文联合会，他们本来应该断明是非，给大家一个明白的说法，但是他们在2008年9月17日宣布妊神星为矮行星时，并未提及任何发现者。虽然如此，他们却心知肚明，所以没有采用西班牙团体奥尔蒂斯提出的春天女神的命名，而是采用了布朗团体提出的妊神星的命名。

在取这个名字的时候，布朗团体充分考虑了各种因素，他们的天文台在夏威夷岛上，这让他们想到了夏威夷神话中的生育女神，生育女神名字叫做哈乌美亚。以妊神星的个头，也应该有个神的名字。在翻译成中国名字的时候，就使用了妊神星这个名字，妊就是妊娠的意思，也就是怀孕生子的意思。

使用妊神星这个名字还有一重含义，按照夏威夷神话，哈乌美亚有很多子女，这些子女的出生很奇特，他们并不是自然生出来的，也不是跟小鸡那样，从哈乌美亚下的蛋里孵化出来，而是分别来自于她身体的不同部位。妊神星的情况跟此类似，妊卫一和妊卫二都是来自于妊神星上的一部分。在很久很久以前，妊神星曾经与一颗柯伊伯天体发生了碰撞，碰撞产生了一些碎片，碎片形成了它的两颗卫星，与此同时，碰撞也让它的自转加快了，快速自转的结果造就了今天这个鸡蛋的外形。

根据国际天文联合会的规定，对于太阳系的新天体来说，观测到新天体的人并不重要，最早提供新天体轨道数据的人，才能称为新天体的发现者，才能具有命名的权力。虽然他们采用了布朗提出的名字，却并没有明确地说明谁是妊神星的发现者。这也就等于妊神星稀里糊涂地来到这个世界上，妊神星可以搞得清自己的每一个儿女是怎么出生的，却跟我们一起，都搞不清它自己是怎么被发现的。

妊神星及其两个卫星

图书在版编目（CIP）数据

新太阳系 / 北辰编著 . —北京：清华大学出版社，2015(2019.6重印)
（理解科学丛书）
ISBN 978-7-302-40737-9

I. ①新… II. ①北… III. ①太阳系－青少年读物 IV. ① P18-49

中国版本图书馆 CIP 数据核字（2015）第162012号

责任编辑：朱红莲
封面设计：蔡小波
责任校对：刘玉霞
责任印制：沈 露

出版发行：清华大学出版社
网 址：http://www.tup.com.cn，http://www.wqbook.com
地 址：北京清华大学学研大厦 A 座 邮 编：100084
社 总 机：010-62770175 邮 购：010-62786544
投稿与读者服务：010-62776969, c-service@tup.tsinghua.edu.cn
质量反馈：010-62772015, zhiliang@tup.tsinghua.edu.cn
印 装 者：河北锐文印刷有限公司
经 销：全国新华书店
开 本：145mm × 210mm 印 张：5.125 字 数：103千字
版 次：2015年8月第1版 印 次：2019年6月第2次印刷
定 价：35.00元

产品编号：065000-02